海上油气田风险管理手册

崔 嵘 编著

中国石化出版社

内 容 提 要

本书结合海上油气田的日常生产实际，围绕风险管理核心工作，梳理出日常风险管理的流程、程序和要求，针对各级管理人员和一线员工，给出了详细的风险管理工具和使用方法，以便提高员工风险管理的技能水平。

本书共包括六章，第一章为风险管理的概述；第二章为海上油气田的基本概况；第三章为风险管理的基本原理；第四章为风险管理的管理要求；第五章为风险管理决策；第六章为风险管理的工具和方法。此外，本书附录还对风险管理的相关术语和定义作了介绍。

本书可供海上油气田作业区域各级管理人员使用，也可作为其他管理人员进行风险管理的参考工具书。

图书在版编目(CIP)数据

海上油气田风险管理手册／崔嵘编著.
—北京：中国石化出版社，2015. 5
ISBN 978-7-5114-3366-4

Ⅰ.①海… Ⅱ.①崔… Ⅲ.①海上油气田-安全生产-风险管理-手册 Ⅳ.①TE58-62

中国版本图书馆 CIP 数据核字(2015)第 096098 号

中国石化出版社出版发行

地址：北京市东城区安定门外大街 58 号
邮编：100011　电话：(010)84271850
读者服务部电话：(010)84289974
http://www.sinopec-press.com
E-mail：press@sinopec.com
北京富泰印刷有限责任公司印刷
全国各地新华书店经销

*

880×1230 毫米 32 开本 4.5 印张 154 千字
2015 年 5 月第 1 版　2015 年 5 月第 1 次印刷
定价：18.00 元

编　委　会

前　言

　　我国对企业安全生产越来越重视，相关的安全管理标准也日益严格。中海石油作为我国海洋石油生产的先锋队，建设优秀的风险管理体系具有重要的实际意义。安全生产是海上油气田作业管理的永恒主题，我们坚持：所有的事故都是可以预防的，没有任何工作重要或紧迫到可以不需以安全的方式进行。

　　为保障海上油气田生产现场作业安全和人员安全，提高油田现场安全管理的标准化和系统化，结合海上油气田实际生产现场特点，借鉴国内外油田的先进安全管理经验，编写了《海上油气田风险管理手册》（以下简称《风险管理手册》）。《风险管理手册》作为作业安全控制的系统工具，通过实际的风险管控方法，解决企业安全管理中存在的问题，实现企业风险持续的监控和预警，取得风险管理的实际绩效。

　　本书是在海上油气田各级领导的指导下，经过各位平台总监、监督等各层级管理人员的协助以及外部专家的多次讨论、审查，最终得以成稿。编者对在本书编写过程中给予支持和帮助的人员表示衷心地感谢！

中海石油(中国)有限公司湛江分公司

文昌油田群

崔　嵘

2015 年 3 月

目　录

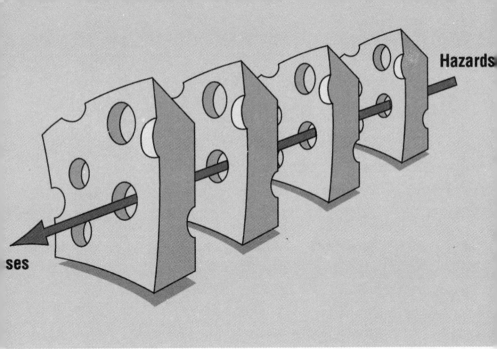

Hazards

ses

第1章

风险管理的概述

■ 本章导读

本章主要包括风险管理的历史起源、国内外的发展现状、定义和分类、现有的经验成果以及对风险管理与内部控制的关系进行分析等内容。

1.1 风险管理的历史起源

风险管理思想自古有之。我国早在夏朝就有了"积谷防饥"的粮食储备制度，夏箴中记有"天有四殃，水旱饥荒，甚至无时，非务积聚，何以备之?"。公元前916年和公元前400年，国外提出了共同海损制度和船货押贷方法。Henri Fayol(1916)在其《工业管理与一般管理》一书中尽管没有使用"风险管理"这一词汇，但实际上已经将风险管理的思想引入了企业经营管理体系[1]。

风险管理是一门新兴的管理学科。风险管理最早起源于美国，从20世纪30年代开始萌芽，当时由于受到1929~1933年的世界性经济危机的影响，美国约有40%左右的银行和企业破产，国民经济倒退了约20年。美国企业为应对生产经营中存在的危机，许多大中型企业都在内部设立了保险管理部门，负责安排企业的各种保险项目。当时主要通过保险手段实现风险管理。风险管理概念是美国宾夕法尼亚大学Solomon Schbner博士于1930年在美国管理协会召开的一次关于保险问题的会议上首次提出的。

1938年以后，美国企业对风险管理开始采用科学的管控方法，并逐步积累了丰富的经验。1956年拉塞尔·格拉尔(Gallagher)《风险管理——成本控制的新时期》正式提出"风险管理"概念。学术上对风险管理作为学科进行系统研究的，是以1963年梅尔和赫奇斯《企业风险管理》、1964年威廉姆斯和汉斯《风险管理与保险》这两本书的出版为标志。

此后，对风险管理框架的研究逐步趋向系统化、专门化，使风险管理成为企业管理中一门独立学科。发达国家和地区先后建立起全国性和地区性的风险管理协会，如美国风险与保险管理协会、日本风险管理协会成立、英国工商企业风险管理与保险协会。

1983 年在美国召开的风险和保险管理协会年会上，世界各国专家学者云集纽约，共同讨论并通过了"101 条风险管理准则"，作为各国风险管理的一般原则，这标志着风险管理已达到一个新的水平。1986 年，由欧洲 11 个国家共同成立的"欧洲风险研究会"将风险研究扩大到国际交流范围。1986 年 10 月，风险管理国际学术讨论会在新加坡召开，风险管理已经由环大西洋地区向亚洲太平洋地区发展，风险管理运动已经走向全球，成为全球范围的国际性运动。

1.2　风险管理的发展现状

进入 21 世纪，企业风险管理(Enterprise Risk Management，简称 ERM)已形成了特定的概念。21 世纪初，发达国家发生了众多上市公司舞弊、财务造假和经营不善等丑闻，如美国安然事件、世通事件、英国巴林银行倒闭事件等极大地打击了发达国家证券市场倡导的诚信和股份持有者利益，司法索赔事件层出不穷。这些事件加速了企业尤其是上市公司监管机构的重视，包括行政、司法、证监等部门的集体介入。为此，2002 年美国证券交易委员会制定了有史以来最为严格的《萨班斯法案》，约束在美上市公司的各种经营行为，从法律层面上管理上市公司的风险事件的发生。

2004 年美国全美反虚假财务报告委员会下属的发起人委员会(简称 COSO 委员会)发布的《企业风险整合框架》，系统地为现代企业管理(包括董事会、管理层、执行部门和其他员工)提供了一个以内部控制为基础的具有指导意义的逻辑框架，运用于企业战略的多层面、流程化的风险管理过程，为企业实现经营目标提供了有效的保证。除此之外，2009 年国际标准化组织(ISO)发布的 ISO31000 标准《风险管理——原则和指导方针》，为以透明的、系统的、可靠的方式来管理任何形式的风险提供了原则、框架和程序，为企业风险管理提供了一整套行之有效的标准化流程。

　　国内的风险管理研究起步较晚，风险管理传入我国大概是在 20 世纪 80 年代，一些学者将风险管理和安全系统工程理论引入我国，在少数企业试用中感觉比较满意。我国大部分企业缺乏对风险管理的认识，也没有建立专门的风险管理机构。起初风险管理的思想主要体现在金融、采矿、设备维护与更新、自动仪表的可靠性分析等领域，随着企业所处环境的复杂性和不确定性增加，企业风险管理的研究与应用得到了各界的广泛关注。

　　进入 21 世纪，我国的风险管理有了长足的发展。2003 年成立了亚洲风险与危机管理协会（Asia Association of Risk and Crisis Management，简称 AARCM），该协会旨在提高亚洲企业整体化风险管理水平与综合抗风险能力，以及提高亚洲公共风险与公共危机管理能力等。

　　2006 年 6 月，国务院国资委颁布了《中央企业全面风险管理指引》，是各中央企业开展全面风险管理工作，进一步提高企业管理水平，增强企业竞争力，促进企业稳步发展的重要参考依据。

　　2008 年 5 月，财政部颁布《企业内部控制基本规范》，被称为中国的"萨班斯法案"，此举旨在通过法律形式，加强企业的内部控制体系建设，从内部防范风险事件的发生。其目的在于加强和规范企业内部控制，提高企业经营管理水平和风险防范能力，促进企业可持续发展，维护社会主义市场经济秩序和社会公众利益。

　　2014 年 9 月，中国商业企业管理协会正式成立风险管理分会，该协会旨在通过收集信息、评估风险、制定策略、提出方案、监督工作等方法，帮助企业加强风险管理理念、培养风险管理人才、培育风险管理文化、建立健全风险管理体系。

　　学术界一般认为，20 世纪 60 年代在美国工商企业界风险管理发展为一种现代化的管理手段，70 年代以后，全球性的企业风险管理运动兴起，90 年代以后，整体层面的风险管理思想出现并逐渐得到推广。越来越多的企业开始重视风险管理，风险管理与战略管理、运营管理一起，合称为企业三大管理活动。

1.3　风险管理的定义和分类

风险无时不有，无处不在。风险管理的主体包括个人、家庭、企业或政府单位。风险管理是基于人类的安全需求和风险的代价而存在的。正确地识别、分析和评估风险，针对不同性质的风险，实施不同的应对策略，才能有效规避和防范风险，确保企业健康、持续发展，实现企业的经营战略目标。

企业风险是指由于企业内外环境的不确定性、生产经营活动的复杂性和企业能力的有限性而导致企业的实际收益达不到预期收益，甚至导致企业生产经营活动失败的可能性。安全生产风险管理是指在未来的或一定的时间内，人们为了确保安全生产可能付出的代价。由于采用安全技术措施，投入的人力、物力、财力等安全生产支出，可能获得的安全生产收益，或者没有适当的安全生产投入可能付出的人身伤害、财产损失、环境破坏、社会影响等代价。

对于现代企业来说，风险管理就是通过风险的识别、预测和衡量、选择有效的手段，以尽可能降低成本，有计划地处理风险，以获得企业安全生产的经济保障。这就要求企业在生产经营过程中，应对可能发生的风险进行识别，预测各种风险发生后对资源及生产经营造成的消极影响，使生产能够持续进行。风险因素的代价是导致社会生产力和社会个体福利水平的下降以及社会资源分配的失衡。

按照风险的来源不同，可以分为外部风险和内部风险。企业外部风险包括顾客风险、竞争对手风险、政治环境风险、法律环境风险和经济环境风险等；企业内部风险包括产品风险、营销风险、财务风险、人事风险、组织与管理风险等。立足于企业的生产经营活动来进行企业风险评估，主要评估企业内部风险，兼顾企业外部风险。

1.4 风险管理的现有成果

企业风险管理作为风险管理学科的一个重要领域，在发展过程中实现了从多个领域的分散研究向全面风险管理一体化框架的演进，其中风险管理和内部控制是企业风险管理的理论来源，风险管理理论经历了从传统风险管理、财务波动性风险管理向企业风险管理的发展。而内部控制理论也经历了内部会计控制、内部控制整体框架向企业风险管理的演进，上述两大理论的发展都指向了企业风险管理的方向，企业风险管理理论最终实现了集成发展，成为企业管理不可或缺的重要组成部分[2]。

风险管理的研究内容由某些单一、局部或分离性层面的风险管理研究发展到企业整体层面的风险管理研究；风险管理的理念、方法和工具已经广泛应用于企业战略选择、投融资决策、财务管理、内部控制等方面，涵盖了企业运作的各个层面。风险管理的目标由被动地防范或转嫁风险变革为利用风险、经营风险，实现公司价值最大化。

风险管理的研究主体由个体学者发展为政府或经济组织。世界各国(地区)或组织在风险管理方面已相继建立起相对成熟的体系，并制定了相关的政策、法律和法规。许多国家(地区)或组织颁布了各自的风险管理标准，审计重点也由会计审计逐渐转移到风险管理审计。研究趋势逐渐趋向于风险管理理论在企业整体层面的应用和实施绩效。

风险管理的研究方法有概率论和数理统计技术，以及运用Logistic模型、Probit模型、人工神经网络模型进行企业风险预警研究，运用VaR成功将风险数量化和标准化。佘廉首次提出了企业逆境管理理论，并创立了企业预警管理体系，强调对于企业战略目标来说，企业预警管理(追求风险的降低和规避)与传统的企业成功管理(追求绩效的改善)同等重要。

1.5　风险管理与内部控制

风险管理是内部控制的重要内容,企业风险管理包含内部控制。内部控制的实质是风险控制,内部控制是风险管理的重要的手段。风险包含内部风险和外部风险,对内部风险的控制即内部控制。两者之间存在着相互依存的、不可分离的内在联系。主要表现在以下几个方面:

① 构成要素相同。内部控制与风险管理的构成要素中,其中控制环境、风险评估、控制活动、信息与沟通以及监督这五个要素是相同的。

② 参与主体相同。内部控制与风险管理都是全员参与的过程,最终责任人都是管理者,两者的实施主体、过程也是一致的。

③ 管理目标相同。内部控制与风险管理的管理目标都包括经营目标、合规性目标和报告目标。

④ 风险管理是内部控制的一个重要目标,有了风险管理的目标,内部控制才能凸显出其重要性,才有发挥作用的广大空间。

⑤ 内部控制通过建立过程控制体系,描述关键控制点,以流程的形式描述企业生产经营业务过程。内部控制的执行过程为风险管理的信息收集提供重要渠道。

总而言之,风险管理是内部控制的发展,风险管理拓展了内部控制内涵,内部控制发展成了以风险为导向的内部控制。

第2章

海上油气田基本概况

■ 本章导读

　　本章主要包括海上油气田的简介、各层级的人员职责(岗位级、班组级、平台生产设施和承包商的管理职责),相关事项的审批权限以及现有风险的管控方法(即良好作业实践)。

2.1 海上油气田简介

海上油气田的生产就是将海底油(气)藏中的原油或天然气开采出来，经过采集、油气水初步分离与加工，短期的储存，装船运输或经海管外输的过程。海上生产设施应适应恶劣的海况和海洋环境的要求，海上平台要经受各种恶劣气候和风浪的袭击，经受海水的腐蚀和地震的危害。由于海上采出的油气是易燃易爆的危险品，各种生产作业频繁，发生事故的可能性很大。同时受平台空间的限制，油气处理设施、电气设施、人员住房可能集中在同一平台上，因此对平台的安全生产提出了极为严格的要求。要保证操作人员的安全、保证生产设备的正常运行和维护。

海上油气田安全系统包括火气探测与报警、紧急关断、消防、救生与逃生。海上生产设施的安全系统以自动为主，手动为辅。海上生产设施是指建立在海上的建筑物。由于海上设施是用于海底石油开发及采油工作，加上海洋水深及海况的差异、油藏面积的不同、开采年限不一，因此海上生产设施类型众多。为了更好地实现风险管理的数字化管理，国内某海上油气田专门研发了风险管理系统。同时开展全员参与的风险管理，让员工能以主人翁的精神参与作业的风险管理，员工希望通过内部的努力实现事故预防和危害控制，也反映了现场风险管理的"内生性"很强。

2.2 各层级人员的职责

明确岗位职责是推进提高管理绩效的重要环节，为保证各层级人员对风险管理工具的正确使用，下面针对岗位危害辨识（JHA）、作业安全分析（JSA）、作业风险分析（TRA）、项目风险评估（PRA）和波士顿矩阵风险评估（BRA）五个风险管理工具和方法，梳理出各层级人员的相应职责。审批作为风险管理流程中的重要把控节点，很有必要设定各层级人员的审批权限。

2.2.1 岗位级

油田各岗位员工利用岗位危害辨识(JHA)等危害识别方法进行自身岗位的危险有害因素识别，并上报到所在的班组。

2.2.2 班组级

● 作业安全分析(JSA)或作业风险分析(TRA)的组长应由设施的班长或更高级人员担任，分析人员应包含全部作业人员，并由组长的上级领导或现场负责人指定人员批准。

● 各班组作业负责人组织对其职责范围内的业务活动开展作业风险分析或作业安全分析。

2.2.3 平台/陆上终端生产设施级

● 平台/陆上终端生产设施在日常作业活动中，实施风险分级管理，确定日常工作中的各种风险并贯彻执行，并保证现场施工作业按照本规定执行；

● 平台/陆上终端生产设施的总监及监督负责对其职责范围内所有业务活动的风险评估进行监督、检查和审核；

● 平台/陆上终端生产设施的第一负责人必须确保"作业许可管理"、"作业安全分析"、"作业风险分析"以及"项目风险评估"的执行；

● 平台/陆上终端生产设施应在每年1月底前利用BRA对本生产设施范围内年度计划的工作进行风险评估，针对重大风险开展定性风险评估，并结合年度HSE工作报告，将风险评估结果提交给海上油气田健康安全环保部，以便开展下年度公司层面的风险评估，制定风险控制策略，确保合理分配相应资源；

● 当平台/陆上终端生产设施的生产经营活动、生产设施或其他工作发生重大变化，以及适用的法律、法规及其他要求更新时，应及时组织风险评估，确定相关的风险控制措施。

2.2.4 作业公司级

- 作业公司经理负责确保建立作业公司的风险管理程序，制定明确的责任机制，实施分级风险管理；
- 作业公司 HSE 人员组织作业公司层面的风险评估，为各部门提供技术支持，协助实施风险控制，进行重大危险源申报，保存相关记录；
- 各部门的第一负责人按照作业公司风险管理的程序和方法，确保其职责范围内风险评估工作的实施，保存相关记录及文件；
- 现场总监及各监督负责对其职责范围内生产作业及活动的风险评估进行监督、检查和审核；
- 承包商雇用部门，应按照《承包商 HSE 管理细则》的要求实施风险评估，定期审核检查承包商的施工方案、风险分析和控制措施。

2.2.5 承包商领队

- 承包商领队是外围施工作业的主要负责人，应遵守作业公司的各项风险管理规定和要求，组织所属员工开展各项风险分析活动；
- 应参加作业公司组织的相关安全培训，熟练掌握 JSA、TRA 等风险评估工具，并取得相应的承包商领队资格证书；
- 承包商领队担任 JSA 和 TRA 的组长，组织作业人员开展作业前的风险分析活动，制定相关风险措施，并将风险分析结果提交设施负责人审批；
- 承包商领队应将风险分析的结果与相关作业人员进行沟通，并负责监督、检查控制措施的落实情况，确保作业安全进行。

2.2.6 审批权限

海上油气田的风险管理流程实行层级审批制度：

- 员工岗位的 JHA 审批：员工本人或班组组织开展，本岗位所在班组长审批；
- 作业的 JSA 和 TRA 审批：作业负责人负责组织，由参与作业的全体人员或代表人员共同进行分析，专业监督或更高级人员（钻、修井作业及其他作业由现场监督或有关负责人）审批；
- 项目的 PRA 审批：项目负责人负责组织开展评估，设施第一负责人负责审批；
- 平台/陆上终端生产设施的 BRA 审批：各生产设施第一负责人负责组织开展和审批；
- 作业公司年度业务的 BRA 审批：主管生产的副经理负责组织年度风险评估会，作业公司经理审批。

2.3 风险管理的管控思路

参照深圳市佳保安全股份有限公司（简称"佳保安全"）的安全管理五项战略，即道（系统与理念）、将（领导与责任）、法（标准与方法）、行（行为与能力）、根（根源分析）五个方面，形成海上油气田风险管理的五项战略。通过此五项战略的实践，风险管理可实现系统性的管控，具体内容如图 2-1 所示。

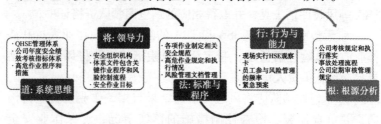

图 2-1　风险管理的五项战略

2.3.1 道——系统与理念

海上油气田建立了完善的风险管理程序，有明确的系统性风险管理理念；在量化安全管理方面，已在使用的油田 BSO 管理系统，涵盖了不安全行为的统计和汇总；各层级的人员对于风险管理准确的认识，以及管理沟通的开诚布公等工作状态是做好风险管理的前提；在理念宣贯方面，对于中海油 HSE 理念，都通过宣传看板等形式进行视觉传播。

2.3.2 将——领导与责任

海上油气田的高、中层管理者对于自身的风险管理权限和职责均有明确的认识，这是开展风险管理的重要领导作用；承包商管理方面，对于外围的承包商作业都有相应的作业安全分析；高风险的关键控制过程都制定了相应的操作规程；绩效考核方面，已建立相应的考核体系，并纳入年度的安全责任考核。

2.3.3 法——标准与方法

海上油气田定期组织工艺安全的审查和评估；建立了一系列的作业操作规程，编制了相应的操作指南；在危险源的管控方面，已有主要危险源清单和对应的控制措施；在文档管理方面，对于风险管理的相关文件和记录，都有专人整理存档。

2.3.4 行——行为与能力

海上油气田定期的沟通制度，如安全会、晨会、安全周会等，在具体的开展方面，各平台的组织形式和效果明显，如抽查新员工岗位职责，员工讲述案例分享等；培训和教育方面，有安全大讲堂、定期的应急演练等；体系宣贯方面，在新体系运行前，均对员工有体系的宣贯和培训；信息反馈方面，员工提出的隐患合理化建议，均有明确的反馈途径，并有月度隐患管理先进个人的评比和公示等。

2.3.5　根——根源分析

　　海上油气田建立相应的绩效考评机制，执行效果良好；对于相关的法律法规，已有较为完善的搜集存档。按照政策的调整，及时调整海上油气田风险管理的标准和内容，在宏观层面，提高风险管理的准确性和合规性；对于安全隐患有隐患合理化建议和整改落实，从系统的角度进行深层次分析，建立完善的根源分析系统。

第3章

风险管理的基本原理

■ 本章导读

　　本章主要包括风险管理的主要流程、风险识别、风险分析、风险评价和风险控制以及对十大高风险作业进行阐述，另外分析了风险管理和 HSE 体系之间的关系。

3.1 风险管理的主要流程

组织应建立并维持适当的程序以持续鉴别危害、评估风险及实施必要的控制方式[3]。风险管理的目标要与风险主体的根本目标一致，风险管理目标的特点有现实性、明确性、层次性和定量化。根据 ISO31000：2009《风险管理——原则与实施指南》的要求，风险管理一般遵循以下五步：

第一步：明确风险评估的标准与管理要求；

第二步：识别危害；

第三步：评估对人员、财产、环境及利益等的风险；

第四步：制定和实施风险消除和减少的措施；

第五步：监测和审查控制措施的实施状况，通过沟通与反馈保障有效地降低和消除风险。

风险管理的基本原理如图 3-1 所示。

风险评估是评估事故发生的可能性、造成损失的结果大小，

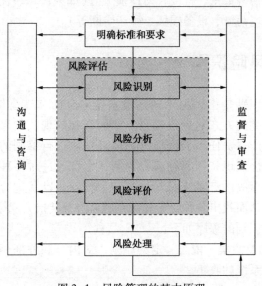

图 3-1　风险管理的基本原理

并判断风险水平的大小和是否可接受的过程。风险是可能性与后果的结合，在评估时两者同样重要，具体关系如图 3-2 所示。

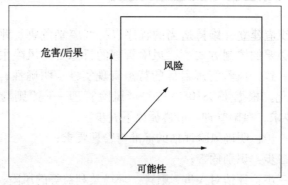

图 3-2　风险衡量因素

- 事故发生的可能性　Probability

危害引发事故的可能性（如高、中、低）。

- 危害所造成的后果　Hazard Effect

人员伤害数量、程度、财产损失等（如人民币、美元、伤亡人数、环境污染、设备损坏、生产中断等）。

3.2　风险识别

风险识别是指风险管理人员系统、全面和连续地用感知、判断或归类的方式对企业安全生产所面临的现实的风险，以及潜在的财产、责任和人身损失的风险性质进行鉴别的过程。可以通过感性认识和历史经验来判断，也可通过对各种客观的资料和风险事故的记录来分析、归纳和整理，以及进行必要的专家访问，从而找出各种明显和潜在的风险及其损失规律。

风险识别的程序如下：

① 信息收集。依照一定的原则，对内部和外部相关信息进行完整、系统的收集。

② 筛选。即按一定的程序将具有潜在风险的产品、过程、

事件、现象和人员进行分类选择的风险识别过程。

③ 监测。监测是在风险出现后，对事件、过程、现象、后果进行观测、记录和分析的过程。

④ 诊断。诊断是对风险及损失的前兆、风险后果与各种原因进行评价与判断，找出主要原因并进行仔细检查的过程。

3.2.1 危险源类别

（1）物理性危险源

设施缺陷、防护缺陷、电危害、噪声危害、振动危害、电磁辐射、运动物危害、明火、能造成灼伤的高温物质、能造成冻伤的低温物质、粉尘与气溶胶、作业环境不良、信号缺陷、标志缺陷以及其他物理性风险源。

（2）化学性危险、危害因素

易燃易爆性物质、自燃性物质、有毒物质、腐蚀性物质以及其他化学性风险源。

（3）生物性风险源

致病微生物、传染病媒介物、致害动物、致害植物以及其他生物性风险因素。

（4）心理、生理性风险源

负荷超限、健康状况异常、从事禁忌作业、心理异常、识别功能缺陷以及其他心理、生理性风险源。

（5）行为性风险源

负荷超限、健康状况异常、从事禁忌作业、心理异常、识别功能缺陷，以及其他心理、生理性风险源。

通常，可以概括地将作业公司的风险划分为3大类：工艺和技术风险、工作场所风险或作业风险以及业务风险。根据海上油气田的作业现状，现场重点进行作业风险分析。

3.2.2 工艺和技术风险

工艺和技术风险指由于工艺设备的故障所带来的风险。主要有两种类型：

① 设备的故障导致不能完成某项工作（如产品质量或数量等）。常见的后果包括不符合排放要求、噪声超标或是设备不符合作业要求；

② 化学品泄漏，破坏环境。如由于产品的意外泄漏所导致的风险。常见的后果包括火灾、放射性物质泄漏、爆炸和化学品污染。

这些风险主要由技术专家或组成小组进行评估，有许多方法和标准可用于工艺和技术风险评估和管理，内容包括：

① 在具体的项目、操作或是生产经营活动中组织的正式的危害识别、风险评估和管理；

② 定性的工艺危害识别与分析方法，如危害性与可操作性分析（HAZOP）；

③ 量化的评估方法，如定量风险评估（QRA）。

3.2.3 工作场所风险或作业风险

工作场所风险或作业风险是指员工在正常生产活动中所接触的有害物给员工带来的风险。常见的后果包括受伤、死亡或是健康危害。一般来说，事故应包括财产损失和业务中断时间，有许多公司将公司名誉损失也认为是一种事故。

这些风险通常由现场监督或班组组织进行相应的评估，内容包括：

① 对潜在危害进行识别；

② 对常规或非常规工作进行正式的"作业安全分析"或"作业风险分析"；

③ 实施标准程序或作业许可证制度对风险进行控制；

④ 在工作进行的过程中也可由员工自己进行非正式的风险评估；

⑤ 自我审核检查以确保安全管理系统、标准和程序有效地实施。

3.2.4 业务风险

业务风险是用来描述公司或作业机构在业务活动中所遇到的所有风险。典型的业务风险包括政治、财务、竞争对手、科技水平、HSE 相关的各方面。业务风险评估通常涉及到：

① 风险水平的识别：包括 HSE 风险，并进一步细分为工作场所风险、工艺或技术风险；

② 列出风险矩阵以便识别关键因素的严重度和可管理性；

③ 制定风险控制策略或行动计划，确保公司业务风险都得以控制和管理。

3.3 风险分析

风险分析有狭义和广义之分，狭义的风险分析是指通过定量分析的方法给出完成任务所需的费用、进度、性能三个随机变量的可实现值的概率分布。而广义的风险分析则是一种识别和测算风险，开发、选择管理方案来解决这些风险的有组织的手段。它包括风险识别、风险评估和风险管理三方面的内容。本文中论及风险分析时，都采用后一种定义。

风险识别确定哪些可能导致费用超支、进度推迟或性能降低的潜在问题，并定性分析其后果。风险识别是分析系统的技术薄弱环节及不确定性较大之处，得出系统的风险源，并将风险源组合成统一格式的文件供管理者分析参考。风险评估是指对潜在问题可能导致的风险及其后果实行量化，并确定其严重程度。这其中可能牵涉到多种模型的综合应用，最后得到系统风险的综合印象。而风险管理则是指在风险识别及风险分析的基础上采取各种措施来减小风险及对风险实施监控，这是风险分析的最终目的。

风险分析是对风险影响和后果进行评价和估量，包括定性分析和定量分析。其中，定性分析是评估已识别风险的影响和可能性的过程，按风险对项目目标可能的影响进行排序。其作用和目的是识别具体风险和指导风险应对；根据各风险对项目目标的潜在影响对风险进行排序；通过比较风险值确定项目总体风险级别。定量分析是量化分析每一风险的概率及其对项目目标造成的后果，也分析项目总体风险的程度。其作用和目的为：测定实现某一特定项目目标的概率；通过量化各个风险对项目目标的影响程度，甄别出最需要关注的风险；识别现实的和可实现的成本、进度及范围目标。

3.4 风险评估

在风险评估过程中，可以采用多种评估方法，包括基于知识（Knowledge-based）的分析方法、基于模型（Model-based）的分析方法、定性（Qualitative）分析和定量（Quantitative）分析。无论何种方法，共同的目标都是运用安全系统工程原理和方法对系统中存在的风险因素进行辨识与分析，找出被评估对象可能存在的风险及其影响，判断系统发生事故和职业危害的可能性及其严重程度，从而为制定防范措施和管理决策提供科学依据，实现系统安全。

依据 HSE 管理体系《HSE-KP-1 风险评估》，在识别危险时，应对危险进行风险评估，包含以下方面：

- 危害可能产生的最严重后果
- 产生这种后果的可能性

通过对上述方面的评估，确定风险的严重程度。

一般情况下风险发生的可能性及其后果的判断，取决于个人日常的作业和作业任务的类似经历、经验。本书提供了风险分析表，一般作业分析可采用该表按上述要求进行分析并采取控制措施，所有控制措施应落实到有关责任人。

其他常见的风险评估或分析方法还有（但不限于）：

- 安全检查表（SCL）法

- 预先危险性分析（PHA）法
- 故障类型影响与危险分析（FMEA）法
- 事故树分析（FTA）法
- 事件树分析（ETA）法
- 作业条件与危险性分析（DOW 化学法）
- 危险与可操作性研究（HAZOP）法
- 控制区间与记忆模型（CIM）

3.4.1 定性风险评估

定性分析方法是目前采用最为广泛的一种方法，它与定量风险分析的区别在于不需要对评估对象及各相关要素分配确定的数值，而是赋予一个相对值。通常通过问卷、面谈及研讨会的形式进行数据收集和风险分析，涉及各业务部门的人员，带有一定的主观性，需要凭借专业咨询人员的经验和直觉，或者业界的标准和惯例，为风险各相关要素的大小或高低程度定性分级，例如"高"、"中"、"低"三级等。通过这样的方法，对风险的各分析要素赋值后，可以定性的区分这些风险的严重等级，避免了复杂的赋值过程，简单且又易于操作。与定量分析相比较，定性分析消除了繁琐的容易引起争议的赋值，实施流程和工期大为降低，只需要相关人员的经验和能力达到要求即可；定性分析过程相对较直观，定量分析基于客观。

根据波士顿矩阵法对工作进行风险评估，评估出来的风险分为高、中、低三个等级，评估方法如下：风险严重程度=后果×可能性（见表 3-1～表 3-5）。

表 3-1 风险的可能性分类

类别	说 明
1	极少发生——不太可能发生
2	可能发生——在整个作业期间有可能发生不超过一次
3	很可能——在整个作业期间很可能多次发生
4	时有发生——每年至少一次，或在整个作业期间常有发生

表 3-2 风险的后果分类

类别	员工健康及公众	环境影响	财产损坏、过程损失或作业中断
1. 微小的	没有人员受伤或健康影响,包括简单的药物处理等	少于 1 万元,微小的响应	少于 1 万元
2. 较小的	轻微受伤或轻微的健康影响。药物治疗,超标暴露等	在 1 万~10 万元之间超标排放,烃类气体的泄漏,较小的环境影响,暂时的和短暂的	在 1 万~10 万元之间,微小火灾
3. 重大的	严重受伤和中等健康损害,永久伤残;大范围的人员轻微伤;小范围的社区影响	在 10 万~100 万元之间,烃类气体的泄漏,严重的环境影响,大范围的损害	在 10 万~100 万元之间,严重火灾或爆炸,启动消防队救火;频繁或严重的气体泄漏;设施关断
4. 灾难性的	人员死亡,大范围的人员受伤和严重的健康影响;大的社区影响	超过 100 万元,灾难性的环境破坏	超过 100 万元,灾难性的财产损失

表 3-3 风险矩阵

后果严重性 / 可能性	1	2	3	4
4	4/Ⅱ	8/Ⅲ	12/Ⅳ	16/Ⅳ
3	3/Ⅰ	6/Ⅱ	9/Ⅲ	12/Ⅳ
2	2/Ⅰ	4/Ⅰ	6/Ⅱ	8/Ⅲ
1	1/Ⅰ	2/Ⅰ	3/Ⅰ	4/Ⅱ

表 3-4 风险等级

等级	描述	等级	描述
Ⅲ & Ⅳ	高风险	Ⅰ	低风险
Ⅱ	中等风险		

表 3-5　风险等级类别

编号	类型	说明
I	可接受的	可能需要采取补救行动
II	勉强接受	应确认遵守程序和实施控制
III	意想不到的	在规定的时段内，采取工程或管理措施将风险降低到可接受的范围内
IV	不能接受的	在规定的时段内，采取工程或管理措施将风险降低到可接受的范围内

3.4.2　定量风险评估

风险评估中的定量方法有很多。目前，定量风险评估已广泛应用于工作场所危险、有害物质运输、环境中有毒物质浓度以及评价发生概率小而后果严重的事故隐患。按照评估给出的定量结果的类别不同，定量风险评估方法可分为概率风险评价法、伤害(或破坏)范围评估法和危险指数评估法。

通过比较分析，定量风险评估是基于大量的实验结果和广泛的事故资料统计分析获得的指标或规律(数学模型)，对生产系统的工艺、设备、设施、环境、人员和管理等方面的状况进行定量的计算，评估结果是一些定量的指标，如事故发生的概率、事故的伤害(或破坏)范围、定量的危险性、事故致因因素的事故关联度或重要度等。因此在本书不推荐使用定量风险评估法。

3.4.3　风险评估方法选择

当前最常用的分析方法是半定量风险评估法(如：波士顿矩阵风险分析法)和定性风险评估法，对一些可以明确赋予数值的要素直接赋予数值，对难于赋值的要素使用定性方法，这样不仅更清晰地分析了风险情况，也极大简化了分析的过程，加快了分析进度。

根据海油石油行业的特点及从业人员的能力以及海上油气

田的管理现状，本书中重点介绍以下 5 种评估方法：

- 岗位危害辨识（JHA：Job Hanzard Analysis）
- 作业安全分析（JSA：Job Safety Analysis）
- 作业风险分析（TRA：Task Risk Analysis）
- 项目风险评估（PRA：Project Risk Analysis）
- 波士顿矩阵风险分析法（BRA：Boston Risk Analysis）

以上 5 种风险评估方法的详细介绍参见第 5 章：风险管理的工具与方法。

3.4.4 各层级评估方法

基于以上 5 种风险评估方法的评估对象，海上油气田在进行风险评估时，各层级推荐使用的评估方法，如表 3-6 所示。

表 3-6 海上油气田各层级风险评估方法

管理层级	风险评估方法	评估对象	风险举例
岗位	岗位危害辨识（JHA）	班组和员工对岗位中的风险进行识别、评估和分级管理	岗位风险
班组	作业安全分析（JSA） 作业风险分析（TRA）	班组和员工对工作场所和作业中的风险进行识别、评估和分级管理	工作场所作业风险
平台/陆上终端生产设施	项目风险评估（PRA）其他如 Bowtie、HAZOP 等专项分析工具	设施总监及监督对设施的风险识别、评价和分级管理	项目风险 作业风险 工艺风险
作业区（油田/作业区）	波士顿矩阵风险评估（BRA）	最高管理层对油田级的风险识别、评价和分级管理	业务风险

（1）岗位级：岗位危害辨识（JHA）

利用"岗位危害辨识（JHA）"进行岗位危害辨识及其初步风

险评估。该方法适用于对单个的员工岗位进行危害识别、评估和管理。

岗位危害辨识的主要内容是针对员工特定工作岗位的常规作业和非常规作业可能存在的危害。具体内容包括：

① 对潜在的危害进行识别；

② 在工作的过程中也可以由员工个人或班组进行危害辨识与分析；

③ 自我审核检查以确保安全管理体系要求、标准和程序都有效地实施。

（2）班组级：作业安全分析（JSA）和作业风险分析（TRA）

利用作业安全分析（JSA）和作业风险分析（TRA）进行班组级的作业安全与风险控制分析。该方法适用于班组对工作场所风险或具体作业活动风险进行危害识别、后果分析及确定控制措施。

工作场所作业风险是指在员工的正常生产活动中所接触的危害物给员工带来的风险。常见的后果包括受伤、死亡、健康伤害或环境污染等危害及其后果。

这些风险分析通常是以现场班组的形式进行，内容包括：

① 对潜在的作业危害及其后果进行识别；

② 对常规或非常规工作进行正式的"作业安全分析"或"作业风险分析"；

③ 实施作业安全标准、程序或作业许可证制度对风险进行控制。

作业安全分析（JSA）和作业风险分析（TRA）的区别在于：JSA 侧重于对作业的危害及其后果和控制措施进行分析，而 TRA 则侧重于对作业活动或任务每个关键步骤的风险进行"可能性"（Probability）和"严重性"（Severity）定性或半定量分析，以便确定每个关键步骤的风险程度与级别。另外，JSA 与 TRA 的表格工具也小有差异。

（3）平台/陆上终端生产设施级：项目风险评估（PRA）

项目风险评估法（PRA）主要用于平台或陆上终端生产设施级的改造、维修，以及由承包商负责或参与项目的风险评估。因此，PRA方法适用于油田生产设施负责人及其管理人员负责的项目类和承包商类风险识别、评估和分级管理。

另外，Bowtie与HAZOP风险分析法是适合于特定、工艺故障或具体事故事件的专项分析工具。其中，危险性与可操作性分析（HAZOP）主要用于分析由于工艺设备故障所带来的危害及风险，通常适用于两种类型：

① 设备故障导致不能完成某项工作（如产品质量或数量等）。常见的后果包括不符合排放要求、噪声超标或是设备不符合作业要求。

② 化学品泄漏，破坏环境。如由于产品的意外泄漏所导致的风险。常见的后果包括有火灾、放射性物质泄漏、爆炸和化学品污染。

【说明：本手册不包含危险性与可操作性分析（HAZOP）等定性或定量技术分析方法，这类方法请参照专业书籍或工具。】

（4）公司级：波士顿矩阵风险分析（BRA）

利用波士顿矩阵风险分析（BRA）进行作业区级的风险评估，该方法适用于作业区管理层对作业区级的业务风险进行识别、评估和分级管理。

业务风险：用来描述作业区业务活动中遇到的所有风险。

典型的业务风险包括人力资源、财务、技术、运输、HSE、质量等相关方面的危害与风险。

业务风险评估通常涉及到：

① 风险水平的识别：包括HSE风险，如工作场所风险、工艺或技术风险；

② 列出风险矩阵以便评估主要风险因素的可能性和严重性；

③ 分析和制定风险控制策略或行动计划，确保作业区业务风险都得到控制和管理。

3.5 风险控制

3.5.1 风险控制的具体策略

针对风险评估结果确定的风险等级，现场应制定消除或控制作业风险的相关对策和方案。确定对策时，从消除、控制、工程、管理和个体防护等几个方面加以考虑。

确定控制措施的具体策略依次为：

（1）消除危害

消除危害是最有效的措施，有关这方面的技术包括：改变工艺路线、修改现行工艺、不使用有毒有害的物质、以危害较小的物质替代、改善环境（通风）、完善或改换设备及工具。

（2）控制危害

当危害不能消除时，采取用更安全的产品替换、更换原材料、改变大小、减轻质量、减少重量、隔离、机器防护、工作鞋等措施控制危害。

（3）工程控制

使用技术和设备控制，控制危害源，如能源隔离、通风、变化设备。降低事故发生的可能性：如进出控制、距离、时间等。

（4）管理控制

完善危险操作步骤的操作规程、修改作业程序、改变操作步骤的顺序以及增加一些操作程序（如锁定能源措施）、人员轮换、增加培训、制定应急预案等。

（5）减少暴露

这是没有其他解决办法时的一种选择。减少暴露的一种办法是减少在危害环境中暴露的时间，如完善设备以减少维修时间。为了减少事故的后果，设置一些应急设备如洗眼器等。

（6）个人防护

佩戴合适的个体防护器材，如安全帽、手套、呼吸保护、眼脸保护、安全鞋等。

这些措施应基于良好的作业实践以将残余风险降低到合理可行（ALARP）。在一些作业风险控制措施的指南中，明确列出了控制措施的分类与有限措施。风险控制的等级如图 3-3 所示。

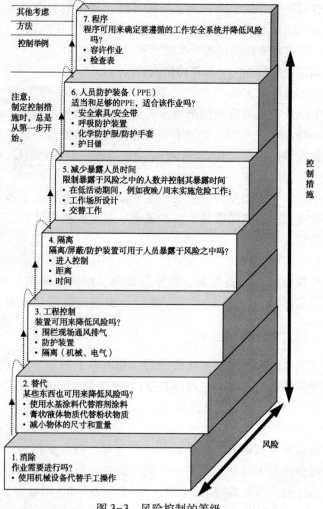

图 3-3　风险控制的等级

应对制定的作业风险控制方案进行审查和批准：

① 作业负责人负责编写作业风险控制方案。作业风险控制方案至少应包括：风险类别、风险程度、报告联系方式、职责划分、控制措施、物资准备和应急措施等。

② 作业风险控制方案编写完成后，由作业负责人申请生产监督、生产设施人员或聘请有关专家对作业风险控制方案进行审查；审查完成后，视情况报作业区批准。

③ 作业危险控制方案批准后，由作业负责人将作业危险控制方案发至平台或陆上终端负责人及承包商作业负责人，进行作业危险控制的各项准备工作，同时报健康安全环保部备案。

针对制定的风险控制措施和控制方案，在实施控制过程及后续过程需要不断进行监测与审核，确保风险控制措施和方案有效，达到降低风险的预期。

3.5.2 风险控制的措施

作业评估技术系统（Technique of Operations Review System，TOR）理论认为，组织管理方面的失误是导致意外事故发生的原因，该理论认为，管理方面的失误主要有 8 类，即不适当的教导和训练、责任的划分不明确、权责不当、监督不周、工作环境紊乱、不适当的工作计划、个人的工作失误和不当的组织机构设计。

该理论提出了 5 项风险控制原则：

① 危险的动作、危险的条件和意外事故，是组织管理系统存在缺陷的征兆；

② 应当彻底辨识和控制可能产生严重损害的情况；

③ 风险管理与其他管理功能一样，应当设定目标，并借助计划、组织、领导和控制达到目标；

④ 有效的风险管理，关键在于赋予管理者明确的责任；

⑤ 风险管理的功能是在规范操作错误导致意外发生可容许的范围，该功能可以通过两个途径达成：即了解意外事故发生

的根本原因[4]，寻求有效的风险控制措施。

　　风险规避是指有意识地回避某种特定风险的行为。风险规避存在一定的局限性，比如有些风险是无法回避的。回避了风险，也可能失去获利的机会；回避了一种风险，可能产生另一种新风险。

　　损失控制是指通过降低损失频率或减少损失程度来减少期望损失成本的各种行为。损失控制的方法有工程法、教育法、程序法。

　　工程法是以工程技术为手段，通过对物质性风险因素的处理，已达到损失控制目的的控制技术。运用工程法应注意，在成本与效益分析的基础上进行措施的选择，某些材料一方面能抑制风险因素，另一方面也会带来新的风险因素。

　　关于教育法，海因里希认为，损失控制的重点应该放在消除人的不安全因素方面，即通过安全教育和培训来消除人为风险因素，以达到损失控制的目的。风险管理教育可以采取解释、劝慰、说服、感染、奖惩和社会舆论等形式，考虑优先效应、心理暗示、逆反心理等心理效应的影响，以求达到更好地效果。

　　程序法是指以制度化的程序作业方式进行损失控制的方法，主要有：

　　① 运用安全检查表定期进行安全检查；

　　② 制定应急计划；

　　③ 制定安全管理流程和制度；

　　④ 拟定降低损失概率的详细计划，并层层落实，作为年终考核的内容；

　　⑤ 将某一风险单位分割成许多独立的、较小的单位，已达到减少损失幅度的目的。

　　控制风险也可采取风险转移的方法，借助合同或协议，将损失的法律责任转移给其他个人或组织承担，如出售、分包、签订免除责任协议。

3.5.3 风险控制的成本与效益

风险控制的成本是指由于风险的存在和风险事故发生后，人们所必须付出的费用和预期经济利益的损失金额。风险控制的成本有两类：直接成本和间接成本。直接成本包括安全设备的购置、安全设备的改良成本、安全设备的保养维护费、安全人员的工资和安全培训的费用等。间接成本包括必须花费的机会成本或其他间接成本。

风险控制的效益有直接效益和间接效益两类，其中直接效益包括保险费因损失控制的加强，得以节省的支出，还有可以抵免的赋税。间接效益包括未来平均损失的减少、追溯费率带来的当期保费节省数，以及劳资关系、生产力和公司形象的改善等。

3.6 十大高风险作业

3.6.1 设备检修作业

（1）常见风险

① 能源未进行隔离导致意外泄漏或启动；

② 人员走捷径、节省时间导致受伤；

③ 作业场所凌乱、湿滑导致扭伤擦伤；

④ 高温、高压导致人员烫伤以及压力源释放；

⑤ 没有佩戴合适的 PPE 导致人员受伤；

⑥ 手替代工具进行操作导致人员受伤；

⑦ 振动、噪音导致听力下降；

⑧ 未经许可，启动；

⑨ 环境污染。

（2）控制措施

① 在已经投用的生产及其辅助设施上检修作业，应实施充

分的风险评估，制定检修方案和安全措施方案；

② 针对检修内容采取有效的隔离、泄压、置换等措施；

③ 动设备检修要对动力源有效隔离；

④ 检修人员应具备相应的技能，配备合适的工具和防护用品；

⑤ 作业应得到设备管辖部门的确认和许可；

⑥ 涉及信号旁通、连锁旁通、热工等特殊作业，还应申请相应的作业许可并经批准。

3.6.2　电气作业

（1）常见风险

① 带电作业导致人员触电；

② 未进行隔离锁定导致人员触电；

③ 高压电导致电击伤；

④ 未使用绝缘防护用品和工具导致人员触电；

⑤ 人员未经专业培训导致触电。

（2）控制措施

① 检修线路和设备须停电进行，实行有效的隔离锁定和安全警示；

② 做好电荷释放和检验，禁止接触高压带电设备；

③ 作业过程中确保有作业监护人；

④ 送电前应专人检查线路上是否还有人工作、有无漏电，确认无误后方可送电；

⑤ 电工应经专业培训并取证；

⑥ 应正确使用绝缘防护用品和工具；

⑦ 停送电和电气检修应申请作业许可并得到批准。

3.6.3　热工作业

（1）常见风险

① 可燃气体导致火灾爆炸；

② 油气物质未进行隔离、吹扫置换导致火灾爆炸；

③ 未采取防护措施导致人员烫伤；

④ 没有穿戴要求的 PPE 导致人员中毒、受伤；

⑤ 电焊机漏电导致人员触电；

⑥ 环境污染。

（2）控制措施

① 在防火防爆区产生明火的作业、产生火花的作业和产生高温的作业，如电焊、气焊、气割、等离子切割、氩弧焊、钢铁工具的敲打、凿打、电烙铁和高温熔融物等，应与生产系统隔离；

② 在设备、管道上动火应清洗和（或）置换；

③ 清除周围易燃物，限制火花飞溅；

④ 按时做动火检测分析；

⑤ 应设动火作业监护人，配备充足应急灭火器材；

⑥ 应申请作业许可并得到批准。

3.6.4 进入受限空间作业

（1）常见风险

① 未进行能源隔离导致人员触电、受伤；

② 照明不足，通风不良导致人员窒息、昏厥、滑倒；

③ 未佩戴合适的 PPE 导致人员中毒、受伤；

④ 未配备监护人员导致人员中毒、受伤；

⑤ 手替代工具进行操作导致人员受伤；

⑥ 狭窄空间作业导致人员碰伤、擦伤；

⑦ 未经许可，启动；

⑧ 环境污染。

（2）控制措施

① 进入受限空间应确定各种有影响的能源已被隔离，并挂牌和锁定，对受限空间进行置换、通风，按时对空气检测；

② 确保所有相关人员均能胜任其工作岗位，限制进入受限空间人员数量，佩戴规定的防护用品；

③ 在受限空间外应有专人监护，有应急抢救措施；

④ 应申请作业许可并经批准。

3.6.5 挖掘作业

（1）常见风险

① 未进行防护措施导致滑坡和塌方；

② 暴雨导致土方滑坡和塌方；

③ 地下管道、电缆未进行确认导致管道挖断、环境污染；

④ 未进行警戒隔离导致人员进入危险区域受伤。

（2）控制措施

① 在作业场所内开挖、掘进、钻孔、打桩和爆破等挖掘作业活动，应制定施工安全措施方案；

② 在挖掘作业之前，应对作业场所风险评估，所有可能的地下危险物，例如：管道、电缆等已被确认、定位，必要时应隔离；

③ 当人员进入开挖面时，若属进入受限空间，则应办理进入受限空间许可证；

④ 通过采取系统的支护、放坡、台阶等适当的措施来控制滑坡和防止塌方；

⑤ 在挖掘作业周围设置围栏和明显的警示标志，关注地面状况和环境变化；

⑥ 应申请作业许可并经批准。

3.6.6 起重作业

（1）常见风险

① 大风、涌浪、雷雨、大雾、照明不良导致的设备损坏和人员受伤；

② 人员健康状况异常，由于使用药物、疲劳导致设备损坏

和人员受伤；

③ 人员、货物坠落导致人员受伤和设备损坏；

④ 操作人员技术水平不足，没有培训，忽视警告信号，操作错误等导致人员受伤和设备损坏；

⑤ 吊装危险化学品导致人员伤害、环境污染；

⑥ 限位保护装置不灵失效导致设备损坏和人员受伤；

⑦ 测重仪不准导致设备损坏和人员受伤；

⑧ 超重导致设备损坏和人员受伤。

（2）控制措施

① 起重作业前，应对起重作业风险评估，大型起重作业要制定作业方案；

② 作业前所有的吊索、吊具须经专业人员检查；

③ 起重装置和设备应处于检验合格证书的有效期内，起重设备的安全装置正常工作；

④ 负载不得超过起重设备的动态和（或）静态装载能力；

⑤ 设置安全警戒区；

⑥ 操作动力起重装置的工作人员和司索指挥人员应经过专业培训并取得资格证书。

3.6.7　高处作业

（1）常见风险

① 脚手架搭建不牢固导致人员高处坠落；

② 未佩戴安全带导致人员高处坠落；

③ 高处坠物导致人员受伤；

④ 大风条件下作业导致人员高处坠落或高处坠物；

⑤ 高处交叉作业未有防护措施导致人员受伤。

（2）控制措施

① 在坠落高度基准面 2m 以上（含 2m）的场所作业，应使用符合有关标准规范的平台、脚手架、吊架、防护栏或安全网等，作业前检查确认是否牢固；

② 使用合格的全身式安全带和其他防坠落设备；

③ 防止高处落物伤人；

④ 应设专人监护；

⑤ 工作人员应能胜任相应的工作，有登高禁忌症的人员不得从事高处作业；

⑥ 禁止垂直进行高处交叉作业，分层作业中间应有隔离措施；

⑦ 遇有不适宜的恶劣气象条件时，禁止露天高处作业。

3.6.8 接触危险化学品作业

（1）常见风险

① 没有穿戴合适的 PPE 导致人员受伤；

② 手替代工具进行操作导致人员受伤和环境污染；

③ 未进行警戒隔离导致人员受伤；

④ 危险化学品泄漏导致环境污染。

（2）控制措施

① 从事接触或潜在接触危险化学品的作业，工作场所应设置醒目的警示标识；

② 生产、储存和使用危险化学品应依据危险化学品的种类、性能，设置相应的通风、防火、防爆、防毒、监测、报警、降温、防潮、避雷、防静电和隔离操作等安全设施和措施；

③ 运输、装卸危险化学品时应防止暴露、防止泄漏，防止撞击、拖拉和倾倒；

④ 作业人员须经过培训并具备相应技能，掌握化学品安全技术说明书（MSDS）的有关信息，配备相应的安全防护用品。

3.6.9 陆上交通运输

（1）常见风险

① 车辆为定期检验导致交通事故；

② 驾驶员未经培训导致车辆状况；

③ 未佩戴安全带导致人员受伤;

④ 驾驶员打电话导致人员受伤。

(2)控制措施

① 按要求对车辆定期检验,使用前要对车辆检查,以保证车辆安全性能良好;

② 驾驶员须经培训合格并取证;

③ 禁止超员、超载和超速行驶;

④ 交通车辆必须配备安全带,驾乘人员应系好安全带;

⑤ 驾车时不得使用手机和对讲机;

⑥ 推广采用《OGP 陆上运输安全推荐准则》。

3.6.10 联合作业(交叉作业)

(1)常见风险

① 作业前未进行告知周围作业人员导致人员受伤;

② 作业过程中未进行信息沟通导致人员受伤;

③ 未穿戴合适的 PPE 导致人员受伤。

(2)控制措施

① 除执行专项作业安全要求外,还应将作业对周边可能产生的影响告知相关各方;

② 充分评估相关各方作业产生的互相影响,采取有效的控制措施;

③ 指定专门的协调联络人,作业过程中充分信息沟通;

④ 制定协调一致的应急方案。

在可能的情况下尽量避免联合作业。

3.7 风险管理与 HSE 体系

《风险管理手册》是在 HSE 管理体系框架下,充分参考 HSE 体系文件及相关制度,并结合海上油气田生产实际而编制,适用于海上油气田各管理层。作为 HSE 管理体系的支持性文件,本手册从属于 HSE 作业文件。两者之间关系如图 3-4 所示。

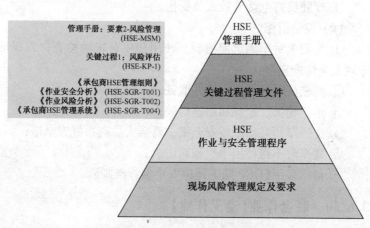

图 3-4　风险管理手册与 HSE 体系关系图

第4章

风险管理的管理要求

■ 本章导读

本章主要包括风险管理的管理方针的描述，对相应的管理要求进行细化，另外对风险管理的流程作了详细的介绍。

在实际的风险管理过程中，管理方针是指导风险管理实施的理念浓缩，管理要求为风险管理的执行提供具体指导，管理流程是梳理风险管理思路、提高管理效率的基本措施，提供清晰的管理全过程解析。

4.1 管理方针

海上油气田在生产作业的过程中，逐渐总结经验和摸索出一套适合作业区特点的风险管理的管理方针：

① 风险管理是安全管理的核心；

② 风险管理必须是全员（全员参与）、全过程（涉及生产作业的各个流程）和全方位（每时每刻）的管理模式；

③ 必须制定系统的风险管理程序，提供方法和指南，以识别危害、评估风险、实施控制措施，将风险控制在可接受的水平；

④ 风险管理必须定期追踪、审查和回顾，保障质量，持续改进。

风险管理是一个持续的过程，是所有 HSE 管理的基础。海上油气田平台及陆上终端必须定期识别存在的危害，并评估与日常生产作业和各项业务活动相关的风险，采取适当的风险控制措施，降低风险，预防和减少事故的发生。

① 制定风险管理程序，以识别与作业区各项生产和业务活动有关的危害，评估风险，实施控制措施，将风险控制在可接受的水平；

② 对现有的勘探、生产、改造项目、新建项目、合资合作、资产处置及装置废弃等一系列活动进行危害辨识和风险评估；

③ 对于重大隐患、重大危险源应按照法规要求进行登记、申报与管理；

④ 经评估的风险应由各管理层根据其性质进行分类管理，制定具体措施并通过具体的工作程序落实；

⑤ 项目危害识别、风险评估、风险管理措施要在作业文件或项目审查批准文件中加以说明；

⑥ 管理人员应定期回顾和重新评估风险的控制效果，通过制定年度 HSE 工作计划等方法确保风险降低到现有技术水平的可接受程度。

管理方针在制定时应充分的考虑 HSE 的法律法规，并结合公司总体的经营理念、社会相关方对公司环保和期望，须考虑公司的活动、服务及公司的财力、物力、技术等因素影响。必须承诺产品质量持续改进；管理方针必须承诺预防环境污染、保障员工身心健康。安全及持续改善；管理方针应文件化、容易理解，便于实施与维持，同时要让全体员工了解；管理方针应易让公众获取并易于理解，以便他们监督和支持。管理方针作为制定各项风险管理目标和指标的依据。

出现下列情况时，应对管理方针和目标的适应性进行讨论，必要时进行修改：

① 相关产品质量法规、环境保护及劳动保护法律法规改变时；

② 顾客或相关方有要求时；

③ 公司活动、产品及服务发生变化时；

④ 外部环境形势发生重大变化或发生重大质量、安全、环境事故时；

⑤ 当重大环境因素和重大风险源改变以及管理方案的进度变化时。

4.2　管理要求

① 海上油气田遵守《HSE-KP-1 风险评估》，在每年 1 月底前对本年度工作计划进行危害识别，针对重大风险开展定性风险评估(参照波士顿矩阵 BRA 评估法)，并结合年度 HSE 管理工作报告风险评结果提交给分公司健康安全环保部，以便分公司

领导组织对下年度进行分公司层面的风险评估，制定风险控制策略，确保合理分配相应的资源；

②　当油田作业区生产经营活动发生重大变化，以及适用的法律、法规及其他要求更新时，必须及时组织风险评估（BRA），确定控制措施；

③　海上油气田其他各相关部门，应使用 PRA 对负责所有项目（含由承包商负责的项目）进行项目风险评估（PRA 方法），制定并落实风险管理措施；

④　新建、改建、扩建、重大维修等项目开始前根据完整性管理要求进行管理，组织实施项目风险分析；

⑤　每年应按照的要求，对承包商所负责和参与的项目做全面的风险评估，并依据风险的高、中、低三个等级进行区分和实施管理；

⑥　在日常作业活动中，利用 JSA 或 TRA 工具，根据风险控制要求而进行作业安全分析或作业风险分析，实施风险分级管理；

⑦　作业负责人必须依据作业风险情况，结合"作业许可证"实施和使用"作业安全分析"或"作业风险分析"工具对具体的作业进行风险分析；

⑧　新上岗或新入职的员工必须在班组长的指导下，完成本岗位的岗位危害辨识（JHA），作业区内每个班组每年应组织一次对部门内所有岗位进行危害辨识（JHA）回顾或重新分析；

⑨　新油（气）田投产、工程项目交付使用前，如果 ODP 安全分析报告中的 HSE 管理因素发生变化，工程建设部应协助项目接受部门完成对危险源及 HSE 管理因素的辨识和评价工作；

⑩　新油（气）田投产前，生产准备组应组织编制《试运行安全分析报告》。

4.3　管理流程

　　海上油气田全过程风险管理方法与实施流程见图4-1，各层级人员在风险管理中的权限如下：

　　① 各岗位员工利用岗位危害辨识法（JHA）等危害识别方法进行岗位的危险有害因素识别，并上报到所在的班组；

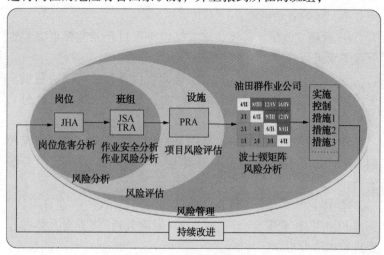

图4-1　全过程风险管理流程图

　　② 各生产班组在日常组织特定的作业活动时，应结合作业许可证管理的要求，利用作业安全分析法（JSA）或作业风险分析（TRA），进行作业危害与风险控制分析；

　　③ 对所有项目和有承包商参与的项目，必须组织项目组利用项目风险评估（PRA）方法对项目的风险进行全面的分析，并指定项目安全管理计划；

　　④ 在统计分析各设施（平台、陆上终端）单位的生产作业风险分析结果和新增项目风险评估结果基础上，在油田（作业区/作业区）层面利用波士顿矩阵风险评估方法（BRA）进行整体风险

评估决策，为下一年度的 HSE 风险管理提供人力、物力和财力资源分配，采取风险控制措施，降低风险，保障生产安全，并形成年度的 HSE 风险管理方案，作为作业区的风险管理指导文件。

第5章

风险管理决策

■ 本章导读

　　本章主要包括风险管理决策的概念以及风险管理决策的特点和原则。在描述风险管理决策程序的基础上，给出了评价风险管理决策的方法。

5.1 风险管理决策的概念

风险管理决策是实现风险管理目标的保障和基础。风险管理决策就是根据风险管理的目标，在风险识别和衡量的基础上，对各种风险管理方法进行合理的选择和组合，并制定出风险管理的总体方案。风险管理决策从宏观上，从总体上讲是对整个风险管理活动的计划和安排；从微观上，从具体的实施过程而言则是指运用科学的决策理论和方法来选择风险处理的最佳手段。

风险管理决策的过程：决策信息阶段、计划方案阶段、方案选择阶段和方案评价阶段。

5.2 风险管理决策的特点和原则

风险管理决策与其他一般管理决策相比较的特点：

① 风险管理决策是不确定情况下的决策，而对未来不确定性的描述常常运用概率分布，因此，概率分布成为风险管理决策的客观依据。同时，正是由于不确定性的存在，决策者的主观反应往往也成为影响决策的一个重要因素。因此，决策者个人对风险的态度及主观反应构成风险管理决策的主观依据。

② 由于风险具有随机性和多变性，在决策过程中，随时可能出现新的情况和新的问题，因此，必须定期评价决策效果并随时进行调整，以适应多变的风险所带来的新的问题。

③ 由于风险具有隐密性和抽象性，风险事件的真正影响只有在事件实际发生之后方可知晓，因此，风险管理决策的效果在短期内常常难以得到体现，这就需要企业领导者具有长远的眼光和谋略。

风险管理决策的原则：

① 全面性原则；

② 可执行性原则；

③ 成本-收益原则；

④ 多样性原则。

5.3 风险管理决策的程序

（1）确定风险管理目标

风险管理的总目标和基本准则是以最小的成本获得最大的安全保障。在进行风险管理决策时，决策者必须根据不同的风险情况，诸如自身的经济状况和面临的风险类型，来确定风险管理的目标。

（2）设计风险处理方案

风险处理方案是所选择的风险处理手段的有机结合，对于某一特定的手段也只是在特定的风险和特定的条件下才能体现出其最直接、最有效的效果。离开了特定的风险和特定的条件来设计风险处理的方案是毫无意义的。

（3）选择最佳风险处理方案

在设计了风险管理方案后，风险管理者就需要通过比较分析主要的风险处理手段、次要的风险处理手段和补充的风险处理手段，以及每一种手段和措施的特点，来进行选择和决策，并寻求各种处理手段的最佳组合。

5.4 风险管理决策的评价

风险管理决策效果评价的任务是客观地评价风险管理决策方案，总结风险管理工作的经验和教训，分析风险管理决策所导致失误偏差的程度，这不仅可以提高风险管理决策的有效性，充分有效地利用资源，而且可以防止或者减少风险事故的发生。

风险管理决策效果的评价包括以下几方面的内容：

（1）评价风险管理决策的效果

风险管理决策效果评价主要评价风险管理措施是否降低了风险事故发生的频率，是否降低了风险事故造成的损失，这是风险管理决策效果评价的首要任务。如果已经采取的风险管理措施对于防止、减少损失发挥了很大的作用，则采取的风险管理措施是可行的；反之，则是不可行的。

（2）评价风险管理决策的科学性

风险管理决策是否科学，需要风险管理的实践来检验。如果企业的风险管理决策有助于降低风险事故造成的损失，有助于促进企业的进一步发展，如降低能源消耗、治理环境污染等，则其风险管理决策是有效的。

（3）评价风险管理者的管理水平

风险管理者的知识结构、经验和业务水平是否适合风险管理的需要，风险管理是否适合风险管理单位经营活动，通过风险管理决策效果评价可以得到。

（4）评价风险管理决策的执行情况

风险管理措施的执行情况，直接影响风险管理决策的效果。风险管理措施执行中的任何偏差，都有可能导致风险管理的失败。因此，评价风险管理决策的执行情况是风险管理决策效果评价的重要方面，不仅有助于风险管理决策措施的实施，而且还有助于改进风险管理决策执行中的失误，强化风险管理措施的执行。

风险管理决策效果评价与风险管理评价有以下几点区别：

（1）阶段不同

风险评价是针对可能发生风险事故的因素进行评价，而风险管理决策效果评价是针对风险管理措施的评价。风险评价只处于风险管理计划阶段，而风险管理决策效果评价则处于风险管理决策的执行阶段。

（2）作用不同

风险评价的作用是为风险管理决策提供依据，其结论直接影响风险管理决策，而风险管理决策效果评价是风险管理决策的信息反馈。通过风险管理决策效果评价可以对风险管理状况进行全面考察，分析存在问题的原因，纠正风险管理决策中的失误，调整风险管理决策措施，提高风险管理决策水平。

（3）依据不同

风险评价的依据是风险识别或者风险衡量的结果，经过评价风险主体的风险状况更加明确；而风险管理决策效果评价的依据是实施风险管理措施以后风险事故发生的状况。

第6章

风险管理的工具和方法

■ 本章导读

　　本章主要对 JHA、JSA、TRA、PRA 和 BRA 五种风险管理工具作了全面的介绍，从各种工具的具体分析，到如何实施操作，都给出了相关的实例演示。

以下分别对 JHA、JSA、TRA、PRA 和 BRA 的具体使用方法进行详细的介绍，在介绍如何使用这五大工具的基础上，对每种工具给出实际的案例操作，以增强工具使用的实用性。

6.1　岗位危害辨识(JHA)

岗位危害辨识(JHA)是安全管理中使用最普遍的一种风险管理工具。主要用于识别员工工作岗位常规作业和非常规作业可能存在的危害。

在岗位危害辨识的具体应用中，可从作业内容清单中选定一项作业内容，将作业内容分解为若干步骤，识别每个工作步骤或环节中的潜在危害因素，然后通过风险评估，制定对应的控制措施。

岗位危害辨识还可以用来对设备设施安全隐患、作业场所安全隐患、员工不安全行为等风险进行识别。

6.1.1　岗位工作内容划分

岗位危害辨识的第一步骤应先根据员工的岗位职责，划分员工的工作内容，然后根据工作内容中划分工作步骤或细节。

作业步骤应按该岗位实际作业步骤划分，佩戴防护用品、办理作业票等不必作为作业步骤分析，但可以将佩戴防护用品和办理作业票等活动列入控制措施。划分的作业步骤不能过粗，但过细也不胜繁琐，能让别人明白这项作业是如何进行的，对操作人员能起到指导作用为宜。电器使用说明书中对电器使用方法的介绍可供借鉴。

作业步骤简单地用几个字描述清楚即可，只需说明做什么，而不必描述如何做。作业步骤的划分应建立在对工作观察的基础上，并应与操作者一起讨论研究，运用自己对这一项工作的知识进行分析。

如果作业流程长，作业步骤多，可以按流程将作业活动分为几大块，每一块为一个大步骤，可以再将大步骤分为几个小步骤。

6.1.2 危害辨识

对于日常工作内容及每一步骤都首先问可能发生什么事，给自己提出问题，比如今天工作内容存在哪些风险和危害，作业时会被什么东西打着、碰着，是否会跌倒，有无危害暴露，如毒气、辐射、焊光、酸雾等。然后识别危害导致的事件可能出现的结果及其严重性。最后识别现有安全控制措施，并进行风险评估，如果这些控制措施不足以控制此项风险，应提出建议的控制措施。

识别工作内容及工作步骤存在潜在危害时，可以按下述问题提示清单提问。

① 作业内容是否存在风险？

② 风险是否可控？

③ 作业时身体某一部位是否可能卡在物体之间？

④ 工具、机器或装备是否存在危害因素？

⑤ 是否可能接触有害物质？

⑥ 是否可能滑倒、绊倒或摔落？

⑦ 是否可能因推、举、拉、用力过度而扭伤？

⑧ 是否可能暴露于极热或极冷的环境中？

⑨ 是否存在过度的噪音或震动？

⑩ 是否存在物体坠落的危害因素？

⑪ 是否存在照明问题？

⑫ 天气状况是否可能对安全造成影响？

⑬ 存在产生有害辐射的可能吗？

⑭ 是否可能接触灼热物质、有毒物质或腐蚀物质？

⑮ 空气中是否存在粉尘、烟、雾、蒸汽？

……

还可以从八大暴露能量源的角度作出提示。如：机械能、电能、化学能、热能和辐射能等(可参考 JSA 中的八大暴露能源)。如机械能可造成物体打击、车辆伤害、机械伤害、起重伤害、高处坠落、坍塌、放炮、火药爆炸、瓦斯爆炸、锅炉爆炸、压力容器爆炸。热能可造成灼烫、火灾。电能可造成触电。化学能可导致中毒、火灾、爆炸、腐蚀。从物质的角度可以考虑压缩或液化气体、腐蚀性物质、可燃性物质、氧化性物质、毒性物质、放射性物质、病原体载体、粉尘和爆炸性物质等。

岗位危害辨识的主要目的是防止从事此项作业的人员受伤害，当然也不能使他人受到伤害，不能使设备和其他系统受到影响或受到损害。分析时不能仅分析作业人员工作不规范的危害，还要分析作业环境存在的潜在危害，即客观存在的危害更为重要。工作不规范产生的危害和工作本身面临的危害都应识别出来。我们在作业时常常强调"三不伤害"，即不伤害自己、不伤害他人、不被别人伤害。在识别危害时，应考虑造成这三种伤害的危害。

6.1.3 制定控制措施

对识别的危害制订控制与预防措施，一般从以下四个方面考虑：

- 工程控制(能源隔离)
- 行政管理
- 个人防护用品(PPE)
- 临时措施

岗位危害辨识的结果应经过评审，并根据岗位危害识别出的风险和预防措施，完善存在缺陷的作业规程。

6.1.4 如何实施岗位危害辨识(JHA)

岗位危害辨识(JHA)方法一般通过表格的形式将某个岗位的工作内容及各要素作出明确的、具体化的描述。

在实施岗位危害辨识过程中，应集中各专业人员的知识，将每一个具体作业内容中的所有危害因素尽可能地识别出，并制订针对性的预防措施。岗位危害辨识(JHA)具体实施步骤如下：

（1）成立岗位危害辨识(JHA)小组

选定 3 ~5 个人组成岗位危害辨识(JHA)小组。选定人员应尽可能地从设备、工艺技术、操作、电气、安全、分析等几方面考虑，并不是一定要有这几种人员参加。有的专业也可能一个人都没有，有的专业也许需要 1 ~2 人参加，各单位视具体情况而定，但人数要保证 3 人以上，且所选人员应是有经验的或复合型人才。

（2）进行岗位工作内容划分

把设计好的岗位危害风险分析表分发给小组成员，介绍表格每列要填写的内容及每列表格内容之间的逻辑关系。进行岗位危害辨识，即先把日常作业内容中的危险危害因素找出来，判定其在现有安全控制措施条件下可能造成后果的严重性。若现有安全措施不能满足安全生产的需要，应制定新的安全控制措施以保证安全生产。危险性仍然较大时，还应将其列为重点监管对象加强管理，甚至为其制定应急救援预案加以防控。假设以上措施还不能防止事故的发生，应作出停工、改变工艺等决定。

（3）识别危险、危害因素

以"一段输送易燃、有毒液体的压力管道与输送泵"的工作内容为对象，研究"启动泵"这一作业活动的危险、危害因素识别。

1）识别人的危险、危害因素

① 在未确认输送管线是否有断开、法兰垫片泄漏情况下开泵，易出现易燃、有毒液体泄漏；

② 在未确认输送管线上是否有盲板情况下开泵，易造成泵憋压，易燃、有毒液体从泵密封处泄漏；

③ 在未确认输送管线流程是否正确情况下开泵，易燃、有毒液体易进入其他设备内，造成其他设备物料溢出或发生剧烈

的化学反应等；

④ 未按机泵操作规程进行盘车，泵轴受应力过大；

⑤ 开启泵后未及时打开泵出口阀，造成泵憋压，易燃、有毒液体从泵密封处泄漏；

⑥ 启动泵时有打手机现象，手机产生电火花等。

2）识别设备的危险、危害因素

① 泵的电机外壳静电接地线及接地情况不符合标准要求；

② 泵轴防护罩未安装、安装不规范或防护罩本身太窄、承受压力小于 1500Pa；

③ 机泵润滑油杯润滑油液位低于1/3；

④ 机泵冷却水阀门未打开、开度太小或结冰；

⑤ 泵密封点泄漏未及时进行维修；

⑥ 泵出口压力表指示不准确，易出现抽空、憋压等情况；

⑦ 泵出口取样阀未关闭；

⑧ 设备、管线有沙眼；

⑨ 采购的设备、管线、仪表等本身存在质量问题等。

3）识别环境的危险、危害因素

① 泵周围存在可燃、有毒气体；

② 夜间作业环境光线不清；

③ 泵周围应急疏散通道不畅等。

识别危险、危害因素的过程，实际上是检验我们平时工作中对危险、危害因素的认识是否正确、全面的一个非常好的方法，同时也是一个全面提高员工对危险、危害因素认识水平的过程。因为，在平时的工作中，我们每个人的知识和经验都是有限的，无论一个人的知识和经验多么丰富，都有一定的局限性和片面性，那种对各种工艺、设备、电气、仪表都非常熟悉的人是几乎没有的，即使有这样的人，他也不可能在较短的时间内将所有的危险、危害因素一一识别出来。因此，在每次识别某一方面的危险、危害因素时，要鼓励某工种或对该方面有经验的人首先发言，然后请其他人对此作出肯定、否定、补充完善的意见和建议。在确定某一具体危险、危害因素时，要避免口语化，要力求用词准确、句子工整，尽力避免使用简略语句。识别某一方面的危险、危害因素往往需要多人反复讨论和推敲才能确定。

确定某一危险危害因素应注意描述。如前面例子中，在描述"人的危险、危害因素"的第一种情况时，是这样描述的：在未确认输送管线是否有断开、法兰垫片是否泄漏情况下开泵，易出现易燃、有毒液体泄漏，人们一看就明白，而用"液体泄漏"、"存在易燃、有毒液体"等来描述，操作工很难从你的分析中知道危险点存在于那个地方。

（4）确定主要危害后果

主要危害后果描述比较简单，也应有一定顺序。一般把最易发生的事故放在最前面，由最初发生的事故引发的次生事故依次排列，其他不易发生的事故附在后面。如先发生火灾事件再发生中毒事件，主要危害后果排序为"1. 火灾；2. 中毒"；若在处理中毒事件时发生火灾事故，主要危害后果排序为"1. 中毒；2. 火灾"，然后将触电、机械伤害、高空坠落等附在后面。

（5）现有控制措施

风险分析是检验现有安全控制措施是否能消除、减弱现有危险、危害因素，控制现有危险、危害因素在相对安全范围内及预防新的危险、危害因素产生的有效方法，从一个单位的现有控制措施可判断其安全管理水平是否满足安全生产的要求。

按照危害-事件-控制措施的关系，针对每一种危害可能造成的事故，制定严格的控制措施。在制定控制措施时应有一定的顺序：先列出预防性措施，即防止危害导致事故发生的措施；再列出应急性措施，即事件一旦发生，防止发生造成人员、财产和环境方面事故的措施。为便于职工在工作中落实、采取现有控制措施，在排列预防性措施和应急性措施时，应注意都要从最简单、可行的措施开始，依次排列。

导致某一事故的危险、危害因素往往不止一个，每个危险、危害因素一般需要制定几条控制措施，同样，某一条控制措施也可能同时控制几个危险、危害因素，这样，就会出现同一条控制措施在一次风险分析过程中反复出现的现象。为了便于操作工在日常工作中进行学习和掌握，针对某作业步骤的各种危险、危害因素制定的控制措施，应按照危害-事件-控制措施的关系依次排列，重复出现的控制措施不应采取合并的方式。

应根据危险、危害因素来制定控制措施，语言描述要有针对性，内容符合本单位实际，用词准确，让人一看就知道应该怎样做，尽力避免使用简略语句或模糊词和模糊句子。如"未按机泵操作规程进行盘车，泵轴受应力过大"是造成某一事故的危险、危害因素，相应制定的控制措施有：根据机泵操作规程，起动泵前，应先用手盘车，使泵轴转动 2 周以上，扣好防护罩后，再启动泵。避免使用"加强安全教育"、"严格执行安全操作规程"等笼统的说法。有些控制措施不能用简单的句子表述清楚，但也应让其他人看后知道执行什么标准或制度、规定，并很快找到这些标准、制度进行查阅或学习。

6.1.5 案例

下面以某维修岗位为例，进行 JHA 分析(见表 6-1)。

表 6-1 岗位危害辨识表

岗位名称：维修工　　　　　　　　　　　　　　JHA 日期：2014-9-9

日常作业内容	潜在危害与后果	预防及控制措施
1. 日常巡检	1) 工具伤害 2) 场所凌乱绊倒 3) 挤伤 4) 意外伤害	1) 穿戴齐全 PPE； 2) 作业场所整理； 3) 工具合理
2. 清洗作业	1) 有害气体伤害 2) 药剂泄漏 3) 热水烫伤	1) 穿戴防毒面具，排放时加强观察； 2) 毒害气体持续检测，并记录； 3) 注意清洗角度和水量，检查水枪头是否泄漏； 4) 设置专门监护人员及联络信号； 5) 自然通风； 6) 设置警戒区域张贴警告标志； 7) 毒害气体探测并记录数据

续表

日常作业内容	潜在危害与后果	预防及控制措施
3. 防腐作业	1）高处坠落 2）物体打击 3）中毒 4）火灾爆炸	1）正确使用工具； 2）穿戴齐全 PPE； 3）穿戴防酸防毒面具； 4）配备应急救援及急救医疗设备
4. 隔离/放空作业	1）热介质管线烫伤 2）药剂泄漏	1）进入受限空间作业许可控制； 2）遵守隔离锁定程序； 3）热介质进出口阀关闭并挂牌； 4）放空时注意排放速度，专人看守，加强巡检； 5）检查洗眼站是否有水
……	……	……

6.2　作业安全分析(JSA)

作业安全分析(JSA)是一种常用于评估与作业有关的基本风险分析工具，以确保风险得以有效的控制。JSA 使用下列标准的危害管理过程：

① 识别潜在危害并评估风险；

② 制定风险控制措施(控制消除危害)；

③ 计划恢复措施(以防出现失误)。

本章简要概括了 JSA 的基本知识，并依据两个简单方法，提供了一套 JSA 实施的程序步骤。这两个方法是：变更分析和能量屏蔽方法(参见图 6-1)。本工具中还列举了一些作业安全分析实例。这些例子用来解释 JSA 的运用过程，其中不一定会列举完整的潜在危害清单和相关预防措施。此外，遵守相关的职业健康安全法规要求必须被视为完整的 JSA 的一部分。

6.2.1　什么是作业安全分析

作业安全分析(JSA)是针对一项工作的系统检查，通过它识别潜在危害，评定风险等级，评估预防措施对风险的控制。

必须牢记 JSA 不是工作场所检查或审核程序。工作场所检查是对工作场所环境的系统检查，并确认其是否与企业安全管理程序和指定的健康安全条例相一致。审核程序是对安全管理系统的系统检查，从而确认作业行为及相关后果是否符合法规政策和已建立的体系。总之，审核用来评估一套程序是否能有效达到政策要求的方向和目标。

JSA 应该是在作业前进行的，尽管它有时是作为应对伤害和职业病增长的工具。在作业计划和准备阶段，必须对危害进行识别并实施相应预防措施。必须强调的是：JSA 的焦点在检查作业本身而不是从事作业的人。

作业安全分析是风险管理系统中一项重要的风险控制方法。包括对作业中每一项基本任务的分析，识别潜在危害，制定完成作业的最佳方案。这一过程也称为作业危害分析。

经验丰富的员工和监督们会通过对作业的观察和讨论来实施 JSA。这一方法有两个明显优势。首先，它让更多有着丰富现场工作经验的员工参与其中；其次，相关方的参与加快了对最终工作程序的认可。

6.2.2 作业安全分析流程图

图 6-1 阐述了 JSA 具体步骤。

6.2.3 如何实施作业安全分析

作业安全分析包括以下 5 个步骤：
① 选择要分析的作业；
② 将作业分解为一系列任务；
③ 识别潜在危害；
④ 制定控制危害的预防措施；
⑤ 与其他部门进行信息沟通。

（1）步骤 1：选择进行 JSA 的作业时应考虑的要素有哪些？

事实上，JSA 可适用于任何作业。然而，我们在时间和资源上受到一些限制。另一考虑是：任何 JSA 完成后，当发生设备

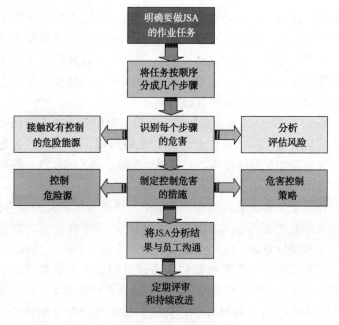

图 6-1　JSA 流程图

变更、材料磨损变化、程序变更或环境变化时，需要对 JSA 进行及时修正或重新做 JSA。由于这些原因，通常在确定哪些"工作"需要做 JSA 时，要考虑下列因素：

①频繁发生事故的作业或导致伤害或职业病的作业；

②经常有员工因病或其他原因离岗的作业；

③作业过程中可能暴露于有害物质的环境；

④存在发生事故、险情或接触有害物的严重隐患；

⑤作业程序/过程的变更可能引发新的危害；

⑥非常规作业：员工执行非常规作业时面临巨大风险；

⑦作业因技术问题频繁中断；

⑧作业中存在额外废弃物和生产损失；

⑨作业中要求员工单独在隔离场所工作；

⑩作业工作场所存在暴力斗殴隐患。

（2）步骤2：如何将作业分解成一系列基础任务？

单个任务是整体作业的一部分。完成作业也就是以合理的顺序完成每一个操作任务。保证以正确的顺序完成任务是至关重要的。打乱任务的次序将可能忽视潜在的危害或引起新的危害产生。

在实施 JSA 时，每一个任务都要按照正确的顺序逐一记录。要注明做了什么，而不是如何去做。以动词描述每一个工作步骤。

将一项作业分解成系列任务，需要对该项作业有透彻的了解。如果任务分解得不够细致，则容易让人忽视其中的特殊操作及相关危害。另一方面，任务分解得太繁琐又会导致 JSA 难以实施。通常来说，绝大部分作业可以控制在 10 个任务步骤以内。如果需要更多的操作步骤，则建议将该项作业分解成两个部分，针对每个部分单独进行 JSA。

通常应先观察现场作业，做好分析准备工作。必须找经验丰富并有能力完成所有任务的员工来进行观察。观察小组成员至少应包括：1 名直接主管（监督或主操）、1 名安全专业人员、1 名熟练的操作人员、1 名工作负责人。这样才能保证 JSA 的完整性。

JSA 的实施技巧有以下几点：

① 阐述 JSA 的目的，保证员工的积极参与和全面合作。

② 向员工确保，通过 JSA 能识别危害，确保工作安全，并可指导修正，从而消除或降低事故、伤害和职业病。

③ 阐明 JSA 不是一种形式上的时间和行为分析，也不是针对某个人的不安全行为。

④ 确保员工明白 JSA 是评估作业，不是评估个人。

⑤ 尊重员工经验并将其视为持续改进的重要参考。

⑥ 在正常工作时段和环境中进行作业观察。例如，如果作业正常进行时间是在晚上，那么就在晚上进行 JSA。同样，只能采用常规工具和设备。与正常操作唯一不同的是：本次作业将

被全程观察。

⑦ 与员工进行讨论：

- 常规作业过程的系列任务步骤；
- 任何已经发生或发生事故的可能性；
- 沟通问题；
- 每个任务步骤难点；
- 已接受的设备使用和安全程序方面的培训；
- 有那些地方需要改进。

⑧ 与所有工作人员就任务步骤进行讨论。

⑨ 确保对所有基本任务步骤进行了说明并以正确的顺序排列。

（3）步骤3：如何识别潜在危害？

以下介绍常用的识别潜在危害方法：意外能量释放和能量屏蔽方法。能量屏蔽方法是由 J. J. Gibson 于 1961 年提出的，并在 1966 年由 W. C. Haddon 巩固完善。这种事故预防方法因为其运用简易被广泛应用。

在工作中经常要利用到能量，功率是指能量的使用率。在传统工业流程中，高功率资源在短时间内产生大量能量从而带来高生产率，受控制能量是完成工作的根本要素。不受控制能量的释放存在很多隐患，可能导致事故、伤害、设备损坏或财产损失等。

例如：受控制的电能释放可以启动发电机、光能、热系统及其他许多电力操作。不受控制的电能释放将可能导致人员的电击休克或死亡、机器毁坏及环境污染等。如果人们接触到通电的电线，电流将穿过身体导致人们受到电击或重伤、休克等。例如，电机上运动的皮带，如果皮带断裂，它将可能击到人员并导致身体伤害、系列设备损坏及材料泄漏。

在能量屏蔽方法中，危害被定义为不受控制的能量释放及能量与人或设备的接触可能性，并导致以下结果：

① 人员伤害；

② 设备及财产损坏；

③ 降低工作效率；

④ 环境危害。

能量屏蔽方法要根据每一项具体工作任务而定：

① 识别产生风险的能量（见表6-2）；

② 描述能量可能与人接触的途径（例如：能量释放，见表6-3）；

③ 设置足够的屏蔽消除或降低接触机会（例如：控制能量释放）。

针对每项任务，观察者利用表6-2确定程序中所有能量类型，并参照表6-3清单，确定人们与能量接触的各种可能途径。例如：对于"设备隔离，容器吹扫"这一任务，能量类型和相应的接触途径有：

① 动能：

• 人力动能：重复动作、用力过度等于管壁碰触、撞击或摩擦。

② 化学能：

• 来自罐内：操作时接触罐内危险化学品。

运用能量屏蔽方法识别出潜在危害，并依次对应相应工作任务。

表6-2　能量类型

能量类型	接触实例
重力/势能	从同一高度坠落、从不同高度坠落、物体坠落
动能	人力动能：重复动作、用力过度、费力操作 机器动能：移动物碰撞、抛射、空降微粒、机动车辆 互相牵绊、绊住、切割
热能	燃烧（热或冷）、降温、热应力、太阳能
生物能	接触职业病感染（肺部职业病、血液职业病、皮肤职业病） 接触病原体

续表

能量类型	接触实例
化学能	腐蚀：材料退化 反应：放热、吸热、爆炸、中毒、腐蚀、冒烟、气体、尘
水压	窒息(溺水)、原动力(导致挤压、摩擦等)
电压	电击、电烧伤、电致死
辐射	辐射接触来源：辐射材料、宇宙射线、地球中的自然辐射原料、X射线机 电磁辐射来源：微波炉、收音机及电视机天线 紫外线辐射来源：太阳光、紫外光 红外线辐射来源：太阳光、热源 电磁场来源：电源线、晶体管、电器
动物	攻击、咬、刺
潜能储备	原动力来自：圆簧、可伸展的物体 压力：蒸汽、压缩气体
噪音	机器噪音、人群噪音、环境噪音(风、动物等)
多重能量	两个或更多能量的相互作用引发事故。这种能量团可以用一系列能量进行描述和划分：例如，电击导致高处坠落、缠绕导致机动车事故

表 6-3　接触未受控制能量举例

接触类型	不可控制能量接触实例
物体与设备间的接触	撞击物体 受物体撞击 受设备或物体牵绊或挤压 在破损物上绊倒或压碎 受摩擦力或压力作用或磨损 因震动产生摩擦
坠落	低空坠落 低空跳跃 司机坠落

续表

接触类型	不可控制能量接触实例
身体反应及动作	身体反应 用力过度 重复动作 持续观察 不取物时的静止姿势 欲取物时的静止姿势 身体状态
接触腐蚀性、有毒的或过敏性物质	接触噪音 接触辐射 接触可能导致受伤或带来压力的事件 缺氧 接触有害物质或环境 接触极端温度 接触气压变化
交通事故	高速公路事故 非高速公路事故(不包含铁路、空运及水运) 步行、无乘客车辆、移动设备 铁路事故 水运事故 空运事故 运输事故
火灾及爆炸	火灾:意外或失控 爆炸
袭击及暴力行为	人为的袭击及暴力行为 自我伤害 动物袭击

资料来源:CSA 的 Z795-96 号标准,作业伤害或职业病信息代码。

(4)步骤4:如何确定预防措施?

在 JSA 的第4步中,我们要确定方法消除或降低已识别的危害。这里有2种方法:

① 危害控制策略。

② 能量屏蔽方法，其中包括以下控制：

- 控制危险源；

- 控制传播途径；

- 控制人员（保护对象）。

两个方法的目标一致为：预防伤害、职业病及其他损失。预防措施的制定有赖于 JSA 的分析结果，而不是它的实施方式（例如变更分析技术或能量屏蔽方法）。

1）危害控制策略

以下是常用的危害控制策略，可参考不同目的选择：

① 消除危害：

杜绝风险，这是消除危害最有效的措施。这一类的操作实例有：

- 选择不同流程；

- 通过变更能量类型修改既定流程；

- 修改或变更设备与工具；

- 隔离能源。

② 使用低危害或无危害材料。

该措施非常有效，尤其适用于危害物，而且这一方法在安全领域的运用十分可行。有实例如下：

- 使用水剂替代溶剂；

- 使用电力驱动替代蒸汽加热；

- 使用电子控制代替风力控制；

- 运用惰性气体替代空气清理爆炸尘埃；

- 在易燃环境中，使用无火花捶替代钢捶。

③ 最小化危害风险：

如果危害不能被替代或消除，就要采取措施使员工的接触风险降到最小。可通过以下一个或几个控制方法联合达到这一目的：

a. 减少接触：

- 改变工作环境设计；
- 改善环境（例如：通风）；
- 实施排放控制；
- 增加安全及警报设施；
- 制定安全操作规程；
- 训练员工安全作业；
- 提供健康安全教育。

b. 隔离危害：

- 建立装置限制危害扩散；
- 将嘈杂的机器统一集中在一个房间；
- 将员工作业区进行隔离限制在控制范围；
- 在起重机上加装吊蓝。

c. 提供个人防护用品：

- 在有害环境中使用呼吸器；
- 针对不同溶剂选择正确的防护手套；
- 使用金属织物保护手指，预防割伤；
- 穿戴宽沿帽预防光照；
- 在高处作业时使用防坠落装置。

d. 实施管理控制：

- 实行轮岗工作制；
- 减少与危险物接触的时间与频率；
- 在作业开始前，评估员工的身体、精神及情绪状态；
- 确保员工工作时不会危及自己或他人健康及安全；
- 进行医疗控制和检查。

④ 制订合适的应急计划：

火灾和紧急事件随时都有可能发生。因此，在工作现场，我们必须有相应的应急预案，以保护人员、财产和业务正常运作。

⑤ 事故后采取措施减少损失：

工作现场必须有合适的计划，用于进行事故后处理。这些计划包括：

- 营救受害者；
- 为伤者提供紧急医疗救助；
- 修复设备设施；
- 保险与赔偿。

2) 能量屏蔽方法

这一方法中所包含的基本原理是：事故的产生是由于对意外能量释放缺少屏蔽控制。特定情况下是否会因能量带来损失或伤害取决于以下因素：

- 能量大小与释放量；
- 接触时长及频率；
- 每单位面积上的影响强度。

采取一系列措施或能量屏蔽法可以预防或减少能量失控带来的损害(参看图 6-2、图 6-3 及表 6-4)。

制定"危险能源"控制措施的"策略与原则"

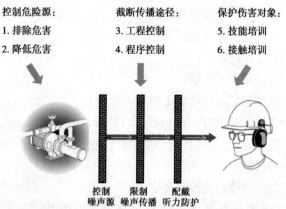

图 6-2　能量屏蔽与能量意外释放（参照 CSA Z796-1998 标准）

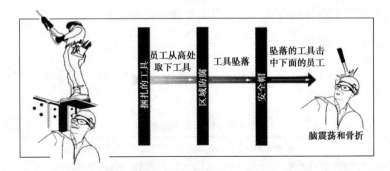

图 6-3 举例描述针对能量屏蔽的控制措施（参照 CSA Z796-1998 标准）

表 6-4 能量屏蔽举例（依据有效性次序排列）

屏蔽形式	举 例
1. 限制能量	低速、低压、限量
2. 用安全能量替代	较安全化学品
3. 预防能量聚集	保险丝、承重地板
4. 预防能量释放	容器、绝缘
5. 提供缓慢释放	安全阀、安全带
6. 引导释放（在时空上进行分割）	接地线、上锁、互锁装置
7. 针对源头能量屏蔽	消音装置、水喷淋器
8. 在源头与目标间进行能量屏蔽	防火门、焊接防护屏
9. 针对人或物能量屏蔽	个人防护装置、机器防护
10. 提高伤害或损失极限标准	设备选择、改善环境
11. 防止伤害或损失恶化	紧急医疗救助、紧急支援
12. 修复	员工健康恢复、设备维修、特殊保险、受害赔偿

过去常将能量屏蔽作为有效预防措施，可以减少、甚至消除作业中的潜在危害。

（5）步骤5：如何与他人进行 JSA 信息沟通

一旦确定了预防措施，就必须让参与或将要参与作业的所有员工了解分析结果，该过程主要通过班前会进行。

6.2.4 案例

表6-5展示了污油罐开罐检查和内部情况的作业安全分析情况。

表6-5 作业安全分析表

作业：×××平台污油罐开罐检查和内部清洗

分析：维修监督	日期：2012-05-29
审核：安全监督	日期：2012-06-01
批准：平台总监	日期：2012-06-05

任务顺序	潜在危害	预防措施
1. 设备就位及工作前准备	准备过程中人员受伤(手部受伤、碰伤、扭伤、绊倒、滑倒、触电及化学药剂伤害)，设备损坏；材料、设备不到位影响工作进程	佩戴PPE，熟悉好工作环境；由平台电气工程师检查电器设备安全状况，合格后再进行安装和试运行；在搬运较重设备时要站位合理，多人合作，尽量使用工具代替手工搬运；搬运化学药剂前要先查看MSDS；保持现场整洁
2. 设备隔离，容器吹扫，具体步骤 将所有污油罐源头容器液位降至最低，排空污油罐内液体，生产关停；能源隔离；清洗剂及淡水冲洗；气体吹扫，待洗涤液清彻后接入氮气进行吹扫，直至吹扫气出口气体浓度符合安全要求	化学药剂伤人；隔离失效；人员受伤(手部受伤、碰伤、扭伤、绊倒、滑倒)；误排放造成环境污染	严格执行能源隔离规范；通往容器的一切电源和机械能源都应该进行锁定，标定，清理和隔离；所有的隔离或锁定都要在图纸上或用草图标记；现场使用警示带围好；针对化学药剂戴好个人防护用品；配制和使用清洗剂之前一定要先查看MSDS；熟悉现场应急冲淋装置的位置；现场禁止一切热工作业；介入冲洗及吹扫管线时多人合作避免人员受伤；废液按原计划排放至开式排放系统

作业：×××平台污油罐开罐检查和内部清洗

分析：维修监督　　　　　　　　日期：2012-05-29

审核：安全监督　　　　　　　　日期：2012-06-01

批准：平台总监　　　　　　　　日期：2012-06-05

任务顺序	潜在危害	预防措施
3. 倒盲板及仪表电器隔离	人员受伤（手部受伤、碰伤、扭伤、绊倒、滑倒）； 倒盲板时气体泄漏； 罐体仪表设备损坏； 隔离失效	戴好 PPE、过重的物体多人协作搬运，地面有杂物及时清理； 人员佩戴好防毒面并保持现场通风良好，禁止一切热作业； 倒盲板时避免重型工具对现场仪表的碰撞等损坏
4. 打开人孔前的准备工作步骤 再次检测罐内吹扫气出口，确保气体浓度检测符合要求； 准备好通风设备；	有毒有害气体伤人	架设照明设备、通风设备，经批准后接通电源； 现场安置救生设备、消防设备； 参与倒盲板人员穿戴好防护用品
5. 打开人孔	有毒有害气体伤人； 可燃气体导致火灾或爆炸； 人员受伤（手部受伤、碰伤、扭伤、绊倒、滑倒）	人员穿戴好防护用品； 现场保证良好的通风条件，必要时启动风机对罐内强制通风； 作业区域禁止一切热工作业； 保持现场整洁
6. 容器作业前准备工作 用大流量风筒替代氮气强制通风半小时； 穿戴好 PPE； 检测罐内气体指标符合要求	有毒有害气体伤人； 人员受伤（手部受伤、碰伤、扭伤、绊倒、滑倒）	保持强制通风，直至罐内气体成分满足人的工作条件； 确保消防设备和救生设备在好的工作状态； 若检测到有水银存在，应立即启动水银收集程序； 全体作业人员参加进罐作业前的安全会，了解进罐作业的注意事项，以及突发事件的应急方案； 保持现场整洁

作业：×××平台污油罐开罐检查和内部清洗		
分析：维修监督		日期：2012-05-29
审核：安全监督		日期：2012-06-01
批准：平台总监		日期：2012-06-05

任务顺序	潜在危害	预防措施
7. 进入容器及罐内清洗 清罐人员佩戴好PPE进入罐内； 用热蒸汽枪清洗罐内	有毒有害气体伤人； 人员受伤（手部受伤、碰伤、扭伤、绊倒、滑倒、坠物伤人及人员坠落）； 罐内外沟通受阻； 疲劳作业； 清出的固体物处置不当造成环境污染	进罐前进行气体测试，确定罐内环境适合人类工作； 进罐人员佩戴好防护服、安全带、安全绳、应急防爆照明、气体探测器、防毒面罩、安全帽； 进罐人员须了解罐内结构，避免磕伤、刮伤； 一次只准一人进罐作业，人孔处安排专人守护； 守护人员要和罐内工作人员保持良好的沟通； 罐内人员要定期调换，避免疲劳作业； 固体物清出罐外，由配合人员及时装桶密封，堆放指定位置，保持现场通道畅通
8. 结束清洗 结束清洗，再次检测罐内气体指标符合要求	工具遗漏。 清洗不彻底。	检查清洗效果，并做好记录

6.3　作业风险分析(TRA)

6.3.1　范围

本节提供一个方法和操作指南来识别现有的危害，评价存在的风险以及确认控制和预防措施以保证在我们的工作场所安全地作业。如图 6-4 所示。

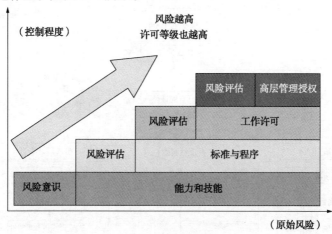

图 6-4 风险控制模型

本方法适用于作业任务多、涉及多个工作组、多个承包商单位的复杂作业，如施工建造项目、钻完井项目、大中型维修或改造项目等。

6.3.2 作业风险分析流程

作业风险分析流程如图 6-5 所示。下文中给出了过程中每个步骤的说明：

（1）作业的定义

一旦作业/工作确定以后，第一步应是主管监督（负责监察工作执行的人员）详细界定工作。应进行审查以准确地决定作业所涉及的内容及应考虑的方面：

① 需要何种特殊的安全研究或评估；

② 如果作业非常明显不能安全进行，应立即撤消。如果可能存在的危害不能在本阶段调解，那么，该作业/工作应被否决或重新界定；

③ 明确风险评价人员和工作执行人员需要什么样的能力。

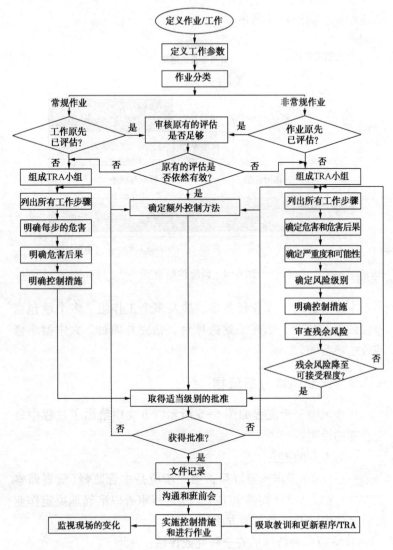

图 6-5　作业风险分析流程图

（2）作业的分类

一旦作业的初始审查完成后，监督应该决定它属于下列作业中的哪一类：

① 非常规作业：

对于非常规作业，则需要全面的作业风险分析（TRA），除非该作业风险很低。

② 常规作业：

常规作业可能不需要进行全面的作业风险分析，然而，需要做简化的作业安全分析（或 JSA）。

③ 新作业：

新作业是指以前没有做过或分析过的工作任务。新作业在开始前必须进行作业风险分析（TRA），除非新作业被归类为风险较低作业且由胜任人员执行。通过新的风险分析，识别并分析这个作业的所有风险，并制定控制措施把风险降低到 ALARP。即使不是新任务，现在其他情况下也需要进行新的作业风险分析。例如：该作业根本无法满足所有的基本标准或以前使用的控制措施不充分或不可行。

④ 以前做过风险评估的作业：

以前做过风险评估的作业可能不需要重做风险评估。但要对以前的分析审查其准确性和适用性，以判断有效性和识别额外特定的控制措施。

⑤ 低风险作业：

当作业被归类为风险较低作业且由胜任人员执行，仍需要做评估，可不需要有正式记录的风险评估。

（3）挑选人员和组建 TRA 小组

所有的新作业，不管是常规还是非常规作业，应该进行新的安全分析。由经理/监督选定 TRA 组长，并共同挑选 TRA 小组的成员。一般来说，作业或区域主管监督应该作为 TRA 组长。TRA 小组的规模取决于作业的复杂程度。一个人也可以承担相对简单的风险评估的任务。但是，无论人多人少，小组都应包括下列人员：

① 作业的负责人员；

② 能胜任引导 TRA 并具有主导该过程能力的人员；

③ 对将要进行的作业/工作具有足够的知识、经验和能力并能理解其中危害的人员，充分了解地点、环境及可能出现的危害的人员；

④ 参与作业的人员；

⑤ 具有与作业相关或适当的专业知识的人员；

⑥ 理解相关程序和工业标准的人员。

如果有需要，有专业知识的人员可以被选为组员提供技术方面的建议。

（4）准备

在 TRA 正式开始前，小组应该进行准备工作以确保所有的成员都有足够的基于自己的判断而收集的作业背景资料。这包括：审查工作计划，把作业分解成一系列的子任务。如果有可能，小组应该实地考察一下工作现场。这一点尤为重要，实地考察可以看到工作区域的实际布局和目前工作现场的情况。应该特别注意工作区域内的其他设施和设备。应辨识其他正在进行或计划进行的活动，因为它们将影响我们所做的 TRA。

在进行准备工作时，应该考虑以下问题：

① 该作业的目的是什么？

② 完成该作业的关键环节是什么？

③ 谁来完成该作业？他们是否有足够的知识技能？

④ 该作业什么时间开始？是否可以改在其他时间进行（如：停产/关断时）？

⑤ 该作业的具体工作地点在哪？是否可以转移到安全的地点（如：车间）？

⑥ 是否有交叉作业会严重影响本作业的安全（如：在本作业工作范围进行的其他作业或相邻区进行的其他作业）？

⑦ 本作业涉及的设施和系统的特性是什么？

写下需要进行的步骤应该是有效的，在做作业风险分析（TRA）过程中记录讨论的内容，这些资料对最终形成决策极为重要。

（5）危害辨识

TRA 小组应该列出所有的重大的危害，分析这些因素并判断如果不加以消除或控制会造成什么样的影响。这应该在组长的主持下，以全组讨论并确保所有小组成员均有机会发表自己观点的方式完成。小组长应该保证有足够的时间来辨识和分析所有的危害以得出正确的结论。危害/风险判断表（表6-6）是一项有用的工具，可以确保不遗漏危害。形成的所有决定必须记录。

一旦所有与作业相关的危害已被确认，危害后果或危害影响（如：可能发生的伤害）和可能受影响的人员应该需要被识别和考虑。危害/风险判断表同样可以用于此用途。所有的辨识应该通知参与作业的人员和其他受影响的人员（如：在作业区域附近工作的人员、参观者等）。

表6-6　危害/风险判断表

范围	危害因素	危害的影响（后果）		
		人员伤害	环境影响	设备损失
人员	1. 新的/没经验人员	√ 滑倒、绊倒、摔倒		
	2. 参观访问人员/非授权人员	√ 火灾		
	3. 沟通不够	√ 接触有害物质（有毒/腐蚀性/刺激性/致癌性/过敏性）		
	4. 人员不足够			
	5. 工作能力不够	√ 暴露于噪音		
设备	1. 脚手架/梯子	√ 爆炸		
	2. 工具使用不当	√ 烧伤		
	3. 设备稳定性/倒塌	√ 体温过低		
	4. 维修保养	√ 休克		
	5. 设备故障	√ 物体打击		
	6. 设备受损/缺陷	√ 暴露于电离辐射		
材料	1. 有害物质	√ 被缠住		
	2. 放射性物质	√ 冲击		
	3. 易燃品	√ 砸伤		
	4. 爆炸性物质	√ 割伤/擦伤		
	5. 尺寸/重量	√ 被围困		
	6. 废料	√ 电击		

范围	危害因素	危害的影响（后果）		
		人员伤害	环境影响	设备损失
环境	1. 限制空间 2. 高处作业 3. 噪音 4. 温度 5. 照明 6. 通风 7. 振动 8. 天气	√ 窒息 √ 溺水 √ 压力 √ 环境污染 √ 污染物 √ 经济责任		
程序	1. 应急反应 2. 程序/流程不当 3. 安全管理体系不充分 4. 计划不充分 5. 缺乏培训 6. 缺乏信息/指令/监督			

（6）确定初始的风险等级

确定风险等级是一种基本的量化手段，对判定的每个风险都可以用一个值来表示，并根据该值来判断风险是否在可接受的范围内。本项内容对于常规作业是可选的。

每个识别的危害的初始风险等级应该按以下原则来评价：

① 危害可能产生的最严重后果；

② 产生这种后果的可能性。

在本 TRA 程序中，分析是半定量化的（通过计算确定风险等级），这样可以将注意力集中在最严重的风险上。图 6-6 的半定量化矩阵将用于确认潜在的风险等级。可能性及危害后果分值参照表 3-1 和表 3-2。

请注意尽管我们鼓励使用全面的 TRA，但对于常规作业初始的风险等级确认是可选择的。

（7）确定控制措施

一旦风险等级确定以后，下一步就要确认降低/控制风险的

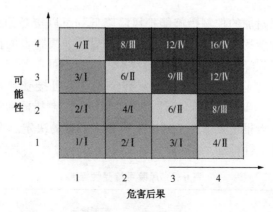

图 6-6　风险等级矩阵

控制措施。在制定控制措施时，应考虑：

① 工作任务；

② 参与工作的人员；

③ 使用的工具/设备和材料；

④ 工作环境。

TRA 小组必须系统地列出所有的危害，并说明每个危害所需要采取的控制措施。这些措施应基于良好的作业实践以将残余风险降低到合理可行（ALARP）。

一旦降低风险的控制措施制定后，以下的问题应该考虑：

① 是否已全面有效地制定了所有的控制措施？

② 人员还需要其他什么能力来完成作业？

③ 风险是否得到有效控制？

当控制措施制定完后，还要再用风险矩阵来确定控制措施落实后的残余风险。

（8）审查残余风险

对于常规作业审查残余风险是可选择的。对于非常规作业，还要对每个危害控制措施落实后的残余风险进行评价。如果残余风险不可接受，就应该制定附加的控制措施。本项内容对于常规作业是可选的。

如果附加的控制措施能把风险降低到可以接受的水平，这些措施和新的残余风险应该一同被记录。如果附加的控制措施不能把风险降低到可以接受的水平，作业不可以开展，评价小组应该向总监/监督请示。如果残余风险是可接受和合理可行（ALARP），TRA 小组可以建议落实制定的控制措施后开工。但是，有一点很重要：开工的决定是全组一致的决定。表 6-7 为风险可接受性标准。

表 6-7　风险可接受性标准

风险等级	风险类别	控制措施
IV	高风险	立即采取措施，禁止继续作业，存在严重损失的可能。作业必须重新定义或采取更多的控制措施以降低风险。必须对这些控制措施进行全面评估，未经批准前不得开始作业；必要时，把评估报告提交陆地管理层批准
III		只有在生产设施总监/现场总监咨询了专业人员和全面评估小组及合适的陆地小组后，才可以在他们的直接批准下继续作业
		应尽可能对作业中存在的危害进行重新定义或在作业前将风险进一步降低
II	中等风险	可以在严格的监督和监控下继续进行作业。评估/分析小组必须在作业被允许继续进行之前再次考察作业现场以确定风险是否已降低
I	低风险	风险属可接受程度，但是需要再次审查以便了解是否可以更进一步降低风险
		风险属可接受程度，不需要采取更多措施

对于风险可接受性的一个考虑是，任何危害的风险越大，控制措施的数量和质量越大，表 6-7 提供了风险可接受性的标准。还应考虑到不同危害相互作用导致的组合风险。

（9）文档和记录

TRA 的结果应该记录在作业风险分析表（表 6-8）中，该表包括以下内容：

① 工作的步骤；

② 工作任务相关的危害；

③ 潜在的危害影响(后果)；

④ 初始的工作任务风险等级(对常规作业可选)；

⑤ 降低风险的控制措施；

⑥ 个人的行为和责任；

⑦ 残余风险等级(对常规作业可选)；

⑧ 评价人员姓名；

⑨ 评价日期。

(10) 类似工作的风险分析

如果一项工作任务，以前曾经作过风险评价，可以不需要再重新做全面的风险评价。这种情况下，应该审查以前的分析，能确保达到下列目的：

① 确保识别出的危害和控制措施依然有效；

② 确保制定的控制措施适合于该特定的工作、地点及参与人员；

③ 必要时，制定其他控制措施。

(11) 低风险工作任务

对于某些工作任务，由培训过的、有能力的人员来从事，可不需每次都作书面记录风险评价。这仅仅适用于那些低风险工作任务，如上下楼梯，爬梯子，从工厂非限制区域内抄录读数等。但是，也要充分注意到相关风险和要对条件的变化保持高度警惕。

还有一些特殊工作任务也可归入此类。通过了专门培训，获得相应知识技能的人员可以安全地完成这类任务，而不需要每次都进行正式的书面风险评价。

(12) 作业许可

风险评价完成后，还应获得相应级别的许可，方可动工。不应把作业许可看作是一种形式。作业许可制度可以确保风险得到充分的分析评价，确保将控制措施制定得更充分，并把风险降低到可以接受的水平和合理可行（ALARP）。作业许可的级别必须同风险等级高低相当。

（13）完成风险评估

TRA 的成功还取决于有效的交流。如果从事工作任务的人员不了解、或不完全理解那些危害和制定的预防措施，那么所做的风险评价不会有任何价值。应该在活动开始前的非正式会议上建立双向对话方式。在本程序中，这种非正式对话被称作班前会。

班前会用于解决下列 4 项问题：

① 让参与工作任务的每个人彻底理解：

• 完成本工作任务所涉及的所有活动细节，包括他们自己的活动和其他人的活动；

• 辨识出的本工作任务每个阶段的潜在危害；

• 已经采取的或将要采取的降低危害的控制措施；

• 在各个阶段每个人的行为和责任。

② 向参与工作的全部或部分人员提供机会，使他们进一步识别那些在初始辨识时可能遗漏的危害及控制措施。这对于识别那些早期阶段未被人注意到的工作场所的危害来说尤其有用。

③ 是否可以开始工作，全队要达成一致意见。如果意见不统一，工作就不能开始。

④ 让所有参与工作的人员知道：如果条件或人员发生变化，或在实际作业时，原先的假设条件不成立，应该对风险进行重新分析。如果有任何疑问，应该停止工作。

正是因为这些原因，成功的班前会应该在工作现场或工作现场附近召开。这个班前会应该包括参与工作的所有人员，或可能受到影响的所有人员。开会时应使用一份 TRA，可以系统地引导作业人员逐步地认真学习一遍。

班前会可以提供以下功能：

① 证实对工作任务和 TRA 细节的全面理解；

② 进一步识别危害和制定控制措施；

③ 记录交流意见和班前会过程；

④ 收集反映风险评价是否有效的反馈，这些意见将有助于更新作业风险分析(TRA)或 TRA 工作程序。

（14）落实控制措施

班组对识别出的危害以及制定的相应控制措施将风险降低到可接受水平感到满意后，就可以开工了。工作中尽管实施了控制措施，但工作班组不能丝毫粗心大意。通过连续监视，特别要注意人员变化(如倒班)和工作场所出现的新情况，或者最初进行的 TRA 不全面或有错误。如果有必要，班组应重新分析评价，如有疑问，应立即停止工作。

（15）总结经验教训

工作任务完成后，应总结经验教训，并纳入 TRA 过程。这可能意味着要更改或修订以下内容：

① 使用的工作程序；

② 风险评价记录；

③ TRA 过程本身。

这是 TRA 过程的一个重要反馈环路。如有必要，应进行一次 TRA 后评价，寻找风险评价过程中的缺陷或不足。这可以向安全工作体系的管理提供反馈。同样，当发现可以改进工作做法时，应及时反馈到现有的工作程序中。如果发生事故、事件或者未遂事件，应该重新审查 TRA。事故调查发现的情况、隐患报告以及程序审查都是汲取经验教训的良好来源，都可以应用到 TRA 过程中。

6.3.3 职责

（1）管理人员

① 确保有效地消除和降低工作风险；

② 从作业的源头上控制风险；

③ 确保对在员工和第三方人员工作中产生的健康和安全风险做好足够、恰当的分析评价；

④ 确保这些分析评价得到记录、审查，并有效地维护；

⑤ 确保使用了恰当的与所分析的风险水平相适应的许可级别；

⑥ 向雇员提供适当的信息、指令和培训，确保所作业人员有能力胜任工作。

（2）主管监督

主管监督是作业风险分析、沟通和实施控制的核心人员。主管监督的主要职责是：

① 审查工作级别，根据本程序提供的标准确定需要做的风险评估的级别 TRA（全面的作业风险分析）或 JSA（简化的作业风险分析）；

② 确保在自己责任范围内，所有工作任务都得到风险评价，可能带来伤害或损失的危害都得到识别；

③ 组织和领导 TRA 小组进行风险分析，并确保小组成员理解评价流程以及要取得的结果；

④ 确保评价小组具有与工作任务相关的知识和能力；

⑤ 确保评价小组在分析过程中系统地按照程序进行，没有偏离方向；

⑥ 如果有可能，确保作业风险分析要到现场进行观察；

⑦ 确保评价细节得到评价小组的认同；

⑧ 确保评价细节得到记录，并且及时得到更新；

⑨ 确保评价小组的成员都有机会识别进一步的危害和制定控制措施；

⑩ 确保采取的措施将风险降低到最低合理可行的程度（ALARP）；

⑪ 如果风险降到 ALARP 后，残余风险依然太高，应放弃工

作任务或重新定义该任务；

⑫ 与工作班组成员交流 TRA 细节，把工作任务和控制措施也分派给他们；

⑬ 确保开工前，所有的班组成员都一致认同 TRA 内容和制定的控制措施；

⑭ 确保以前在此工作中的经验教训得以总结，并将它们应用于本工作任务和 TRA 中。

（3）参与工作的人员

参与工作人员在作业风险分析（TRA）中有至关重要的作用：

① 积极参与任何与他们的工作相关的作业风险分析；

② 帮助负责主管监督识别工作任务的危害和制定控制措施，降低事件/事故发生的可能性；

③ 理解与工作任务相关的危害和控制措施；

④ 积极监视工作场所和环境的变化；

⑤ 识别工作程序中的缺陷，提出改进措施；

⑥ 确实对安全措施还没有信心，应把工作停下来；

⑦ 在班前会上同大家分享知识和经验；

⑧ 总结工作中的经验教训。

6.3.4 案例

表6-8 展示了菜单点原油外输作业的风险分析情况。

6.4 项目风险评估（PRA）

6.4.1 项目风险评估方法

生产设施类新建、改建、扩建项目必须在项目设计、建造、试运行及投产过程中进行完整性管理，并运用适当的风险评估工具与方法，对新建、改建、扩建项目及项目施工过程中的风险进行评估，降低项目风险，预防事故事件的发生。

表 6-8 作业风险分析表

TRA 参考号.#：×××			地点：某会议室			部门(执行作业)：某外输班组	设施/位置：WC13-1-×××

作业描述：单点原油外输作业　　　参照编号.#（作业许可证编号和/或隔离作业单编号）

作业步骤	确认的危害及潜在的影响	风险评估 *			控制措施（包括现有的和建议的）	负责人	残余风险 *			残余风险是否ALARP *？
		S	P	R			S	P	R	
人员转运（上港拖到提油轮）	一滑到 一夹伤 一人落水	2	M	4	1. 劳保用品穿戴齐全； 2. 穿救生衣； 3. 有人员协助； 4. 避免靠近船舶外延	系泊船长、港拖船长	1	L	1	是
工作船接拖缆	一断缆 一船舶碰撞 一缆绳绞车叶	3	M	6	1. 操作人员穿救生衣； 2. 杜绝违章操作、误操作	拖轮船长	2	L	2	是
护工送引缆	一缆绳绞车叶 一人落水、夹伤	2	M	4	1. 杜绝违章操作、误操作； 2. 劳保用品穿戴齐全、穿救生衣、防止滑跌； 靠近船舶外延作业时有人保护	潜水监督	1	M	2	是

续表

TRA 参考号 #: ×××	地点：某会议室	部门（执行作业）：某外输班组	设施 位置：WC13-1-×××

参照编号 # （作业许可证编号和/或隔离作业单编号）

作业描述：单点原油外输作业

作业步骤	确认的危害及潜在的影响	风险评估 *			控制措施（包括现有的和建议的）	负责人	残余风险 *			残余风险是否 ALARP * ?
		S	P	R			S	P	R	
引水、提油轮、绞引缆、提升缆、人缆系泊	一断缆、碰单点、拉坏绞车	3	L	3	1. 作业前对缆绳及软管进行检查；2. 单点大修后经过几次作业检验；3. 选择合适海况；4. 绞缆时人员站在安全区，注意控制车速	系泊船长、船长助理、潜水监督	2	1	2	是
捞油管	一人落水、夹伤	2	2	4	1. 劳保用品穿戴齐全；2. 靠近船舶外延作业时有人保护	潜水监督	1	1	1	是
接管	一吊具失控、索具断裂、漏油、一夹伤、碰伤	3	2	6	1. 由终端水手长统一指挥，杜绝违章操作；2. 劳保用品穿戴齐全	船长助理、水手长	2	1	2	是

续表

TRA 参号号.#：×××	地点：某会议室			部门（执行作业）：某外输班组	设施/位置：WC13-1-×××
				参照编号.#（作业许可证编号和作业单编号）	

作业描述：单点原油外输作业

作业步骤	确认的危害及潜在的影响	风险评估*			控制措施（包括现有的和建议的）	负责人	残余风险*			残余风险是否ALARP*?
		S	P	R			S	P	R	
外输前顶水至原油外输 外输后顶油	一操作技能不熟，导致开、关阀误操作；一大风浪、强对流、拖尾跑偏；一溢油、火灾、爆炸	3	1	3	1. 杜绝违章操作；2. 加强巡检；3. 若台风刚过，应注意防强对流，必要时停止作业，同时，做好应急准备，以应对突发事件；4. 拒绝违章操作；5. 做好作业前检查工作	系泊船长、船长助理、潜水监督、环保员	2	1	2	是
拆管	一夹伤、碰伤；一吊具失控，索具断裂	2	1	2	1. 劳保用品穿戴齐全；2. 拒绝违章操作；3. 落实作业前检查工作	船长助理、水手长	1	1	1	是
离泊	一断缆、碰单点，拉坏绞车、缆绳绞入车叶	4	1	4	1. 按规定程序操作；2. 拒绝违章操作	系泊船长、船长助理、港拖船长	2	1	2	是

续表

TRA 参考号.#: ×××　　地点: 某会议室　　部门（执行作业）: 某外输班组　　参照编号.#（作业许可证编号和/或隔离作业单编号）　　设施/位置: WC13-1-×××

作业描述: 单点原油外输作业

作业步骤	确认的危害及潜在的影响	风险评估*			控制措施（包括现有的和建议的）	负责人	残余风险*			残余风险是否ALARP*?
		S	P	R			S	P	R	
人员转运（从提油轮下港拖、回码头）	一滑倒、夹伤、人落水	2	2	4	1. 劳保用品穿戴齐全； 2. 作业人员避免靠近船舶外延	系泊船长、港拖船长	1	1	1	是
单点管线系泊复位	一人落水、夹伤	2	2	4	1. 劳保用品穿戴齐全； 2. 作业时有人协助	潜水监督	1	1	1	是

评估人/职位: 张三　　评估日期: 2013.8.24

批准人: 李四　　批准日期: 2013.8.25

备注: S—严重度; P—可能性; R—风险等级; *—对于常规作业是可选的

同时，承包商项目开始也应进行项目风险评估，制定控制措施。

在项目的风险评估中常用的评估方法较多，如：

① 针对整个项目的风险可以使用风险矩阵评估；

② 针对新建项目工艺风险可以使用危害性与可操作性分析（HAZOP）；

③ 针对项目施工中的具体作业可以使用作业风险分析法（TRA）或作业安全分析（JSA）和工作岗位危害辨识法（JHA）等；

④ 针对项目的各个阶段可以使用 HSE 审查。

6.4.2　项目阶段划分

建设项目风险评估主要内容（以海洋石油工业为例）可以根据建设项目的阶段划分过程而概括为下列阶段和内容（见表 6-9 和图 6-7）：

表 6-9　油田建设项目的风险评估主要内容及措施

阶段划分	风险评估主要内容	风险管理主要措施
可研阶段	环境风险 安全风险 职业病危害风险	环境影响报告书 安全预评价 职业病危害预评价
设计阶段	设计风险 安全风险 环保风险	第三方检验审查 安全、环保专篇审查
建造阶段	承包商施工风险 施工材料风险	承包商管理 第三方检验审查
调试阶段	承包商作业风险 试生产风险 环保风险 职业病危害风险 作业过程风险	承包商管理 安全验收评价报告 环保设施检查验收 职业病危害控制效果评价验收 作业许可证检验及发证

续表

阶段划分	风险评估主要内容	风险管理主要措施
生产运行阶段	生产作业风险 设备风险	安全状况审核 年度/换证检验 作业过程及专项检查
废弃阶段	安全风险 环境风险	安全分析报告 环境影响评估/尽职调查

对于建设项目在各阶段的风险，需要建立基于项目模式、结合项目生命周期的安全审查，以规避存在的风险。

图6-7　基于项目生命周期的六个阶段

相对应各阶段的安全审查及监督管理要求如下：

① 可研阶段：应进行安全预评价，预评价报告经中介机构审查合格后报国家安全生产监督管理总局海洋石油作业安全办公室(以下简称海油安办)备案。

② 设计阶段：设计文件、安全环保专篇应当经发证检验机构审查同意。

③ 建造阶段：应由发证检验机构进行建造检验。在设备调试完成后，应取得发证检验机构的检验证书。

④ 调试阶段：试生产前应向海油安办海油分部申请投产前备案安全检查，由海油安办海油分部检查合格后，方可进行试生产。

⑤ 运行阶段：在试生产稳定后(不超过1年)，正式生产前，应向海油安办申请安全设施竣工验收和设施安全生产许可证(现场检查二者合一)。竣工验收合格并取得安全生产许可证后，方可进行正式生产。

⑥ 废弃阶段：进行尽职调查及相关专项风险评估与控制。

建设项目各阶段控制风险的安全审查的基本目标是：

（1）可研阶段（包括预评价、方案选择、审批等过程）的安全审查

① 预评价的安全审查：

- 确认已经识别出与项目有关的主要安全问题。

② 方案选择的安全审查：

- 确认已经识别涉及安全的所有事项，包括项目完整周期内的所有特征、新兴技术及地区内的自然环境；
- 核实已识别项目的所有相关法规及公司内的要求和期望；
- 确认已制定完整的安全计划；
- 确认已制定完整的安全风险管理策略；
- 确认已制订适用该项目的危害性与可操作性分析（HAZOP）风险分析计划。

③ 审批过程中的安全审查：

- 核实安全分析的结果，包括已认可并实施的专家审查意见；
- 确保工程安全设计方面符合或超过法规的基本条件，满足项目相关规范，设计标准都已经确定，并已明确了设计理念；
- 确保有适当的工作保障程序；
- 确保有适当的变更管理程序；
- 确保在基本设计阶段编写安全篇，对安全评价提出的问题进行进一步的研究和回答；
- 确保已经建立必要的文件归档要求；
- 检查已制订的资源及培训计划。

（2）设计阶段的安全审查

- 确保已完成包括危害性与可操作性分析（HAZOP）在内的安全风险评估，并保证针对这些评估的建议方案已经获得批准；
- 确保已运行变更控制程序（MOC），并鼓励适当地变更危害审查，用于确保设备与技术的完整性；
- 确保实施适当的专家审查，并取得满意结果；
- 核实工程控制及检查程序到位；

- 确保有效实施包含安全计划在内的安全管理体系；
- 审查工程设计的详细内容，确保已充分考虑所有安全方面并保证适当实施。

（3）建造阶段的安全审查

- 确认实施了有效的项目质量控制措施，以确保设备的技术完整性；
- 确保实施变更控制程序；
- 确保对建造工人开展员工培训，并有完整评估和确认计划；
- 核实已实施包含安全计划的安全管理体系，并评估和确保建造期间的 HSE 业绩及执行状况。

（4）调试阶段的安全审查

- 核实试行前准备工作已圆满完成，已为试行做好准备；
- 确保试行及操作员工都经历了充分培训、配有合适装备，有胜任能力，且所有必需程序都有效；
- 确保各级管理组织和现场场所已为试运行做好充分准备；
- 确保制订应急响应计划及程序；
- 核实设计偏离已获得批准并不影响 HSE 业绩。

（5）运行阶段的安全审查

- 核实设备安全操作符合设计意图；
- 确保把握住来自项目实施及厂区早期操作中的安全教训，并在公司集团内分共享；
- 确保建立有效的 HSE 管理程序和体系，保障安全生产。

（6）废弃阶段的安全审查

- 制定设施废弃的初步方案；
- 尽职调查评估和确认方案的 HSE 风险。

6.4.3　项目风险评估流程

项目在施工过程中，一旦发生事故，都会对项目的费用、进度和安全绩效产生影响。项目风险管理是降低和消除施工作业风险的有效工具。项目风险管理一般包括如图 6-8 的风险管理规划、危害识别、风险分析、项目安全计划和风险监控等几个过程。

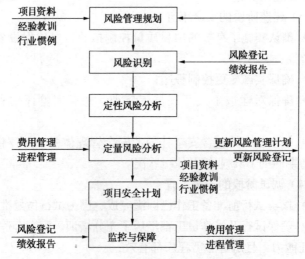

图 6-8　建设项目风险管理流程

6.4.4　项目风险评估步骤

（1）确定项目范围

项目风险评估开始前，项目负责人应制定详细的项目计划，确认项目流程、工作范围和内容，确定项目类别属于承包商项目还是作业区项目。如果属于承包商项目，需要邀请承包商作业负责人等相关人员参加。注意，项目风险评估不能代替每个作业前的风险分析。

（2）组成评估小组

● 组成 2~6 人的评估小组；

● 项目负责人担任项目风险评估的组长；

● 小组成员中应包括将受项目影响的所有相关部门人员；如果属于承包商项目，相关的承包商负责人应参加；

● 参与成员必须具有相关项目经验，熟悉流程和关键问题之所在。

（3）建立可能性和严重程度的的标准参数

根据风险评估标准，确定风险可能性、严重程度以及风险等级的标准。详见表 3-1 ~表 3-4。

（4）危害识别

项目风险评估小组应该列出项目计划中各个环节和步骤的所有重大危害，分析这些危害会造成什么样的影响。通过使用危害/风险判断表（表 6-6），项目评估组长应该保证有足够的时间辨识和分析项目计划中的所有危害并做好记录。

一旦所有与项目计划相关的危害确认后，应将所有的危害辨识结果通知所有参与项目的人员和其他受影响的人员（如：附近工作的人员、参观者等）。

（5）确定初始的风险等级

对识别的每个的风险都进行初始风险评估，判断项目风险的可能性及后果严重性，并对照图 6-8 半定量化矩阵确定风险等级，判断风险是否在可接受的范围内。

（6）确定控制措施

一旦风险等级确定以后，下一步就要确认降低/控制风险的控制措施。在制定控制措施时，应考虑：

● 项目范围

● 参与项目的人员

● 使用的工具/设备和材料

● 工作环境

项目风险评估小组必须系统地列出所有的危害，并说明每个危害所需要采取的控制措施。这些措施应基于良好的作业实践以将残余风险降低到合理可行（ALARP）。

一旦降低风险的控制措施制定后，以下的问题应该考虑：

● 是否已全面有效地制定了所有的控制措施？

● 人员还需要其他什么能力来完成作业？

- 风险是否得到有效控制？

（7）沟通

项目风险评估的成功还取决于有效的交流。应该在项目开始前召开项目动员会。

项目动员会用于解决下列 4 项问题：

① 让参与项目工作的每个人彻底理解：

- 完成本项目所涉及的所有活动细节，包括他们自己的活动和其他人的活动；
- 辨识出的项目每个阶段的潜在危害；
- 已经采取的或将要采取的降低危害的控制措施；
- 在项目各个阶段每个人的行为和责任。

② 使得参与项目工作的全部或部分人员有机会识别可能遗漏的危害及控制措施。

③ 达成一致意见。如果意见不统一，工作就不能开始。

④ 让所有参与工作的人员知道：如果条件或人员发生变化，或在实际作业时，原先的假设条件不成立，应该对风险进行重新分析。如果有任何疑问，应该停止工作。

项目动员会应该包括参与项目的所有人员，或可能受到影响的所有人员。

6.4.5　项目总结

项目工作任务完成后，应总结经验教训，这可能意味着要更改或修订以下内容：

- 使用的工作程序；
- 风险评价记录；
- 项目风险评估过程。

这是项目风险评估过程的一个重要反馈环路。如有必要，应进行一次项目风险评估后评价，寻找风险评估过程中的缺陷或不足。当发现需要改善的工作方法时，应及时反馈到现有的工作程序中。如果发生事故、事件或者未遂事件，应该重新审查项目风险评估。事故调查发现的情况、隐患报告以及程序审查都是汲取经验教训的良好来源，都可以应用到项目风险评估中。

6.4.6 案例

项目风险评估案例见表6-10。

表6-10 项目风险评估表

项目名称：海上油气田室外照明灯具更换及改造					
地点：海上油气田室外				部门：×××承包商	
项目描述： 外委承包商对所有室外照明灯具进行全面，更换、改造破损的照明灯具及固定件					

项目阶段	潜在危害与后果	风险评估			预防控制措施 （包括现有的和建议的）
		S	P	R	
设计阶段	1. 承包商作业人员不具备高处作业或电气作业资格	4	2	8/Ⅲ	从承包商库中挑选合格的承包商，严格审查承包作业人员的作业证书
	2. 承包商未配发规范的个人防护用品	4	1	4/Ⅱ	承包商作业人员开始作业前，落实开工前安全检查
	3. 承包商人员未参加入场安全培训或培训内容不全面	3	2	6/Ⅱ	落实入场安全教育并做好相关记录
建造阶段	1. 作业人员不慎高处坠落	4	1	4/Ⅱ	1. 检查登高设备及工具，确保处理良好状态； 2. 加强作业现场监护，避免违章作业
	2. 忘记进行电气隔离导致触电事故	4	1	4/Ⅱ	严格落实作业许可、能源隔离、上锁挂牌制度

项目阶段	潜在危害与后果	风险评估			预防控制措施 （包括现有的和建议的）
		S	P	R	
建造阶段	3. 作业工具掉落砸伤行人	4	2	8/Ⅲ	1. 作业现场采取隔离防护和安全警示措施； 2. 加强作业现场监护，及时劝阻行人远离危险区域
	4. 施工作业时占用应急通道	4	1	4/Ⅱ	1. 严格落实《作业许可证》； 2. 加强作业现场检查，及时制止占用应急通道的行为
	5. 承包商人员不规范佩戴个人劳动防护用品	3	2	6/Ⅱ	加强作业现场监护，及时制止不规范佩戴个人劳动防护用品的行为

评估人/职位：承包商管理工程师	评估日期：2013 年 12 月 1 日
批准人：平台总监	批准日期：2013 年 12 月 2 日

备注：S—危害后果；P—可能性；R—风险度。

6.5　波士顿矩阵风险评估(BRA)

6.5.1　概述

"波士顿矩阵"定性风险评估法是由波士顿集团(Boston Consulting Group)在 20 世纪 70 年代初开发的。近年来"波士顿矩阵"定性评估方法被广泛地应用于项目管理、计划和企业战略分析等方面的定性风险评估。

　　应用波士顿矩阵风险评估法将风险分解为"危害后果或称严重程度"与"事故发生的可能性"二维矩阵，来衡量和分析风险的高低。根据风险分析的精度要求，可以将矩阵划分成不同的矩阵：9(3×3)级、15(3×5)级、25(5×5)级等，同时，可根据需要调整矩阵级别。

　　基于文件《HSE-KP-1 风险评估》，结合实际操作需要，建议在文昌作业区使用16(4×4)级别矩阵，如图6-9所示。

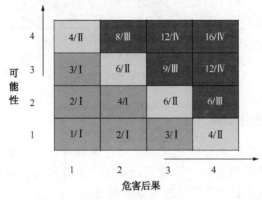

图6-9　风险矩阵

　　本方法适用于文昌作业区层面针对作业区总体业务、生产作业活动的风险评估。可以通过分析讨论，作出定性的风险分析图。如图6-10所示，假设我们识别出作业区存在7大风险，就必须针对每个风险的危害程度，制定相应的控制措施，确定控制的优先次序，实施整改，最终将其降低到可接受的程度。

　　风险评估是主动安全管理中非常有用的工具，但是，能否有效地将它融入日常的工作计划中，是成功的关键。任何背景和技能等级的人员都可以将"波士顿矩阵"评估方法应用于日常的安全管理。每当简单的风险评估不够系统时，而其他的方法又太细和耗费时间，"波士顿矩阵"定性评估是一个比较实用的工具，并且容易掌握。

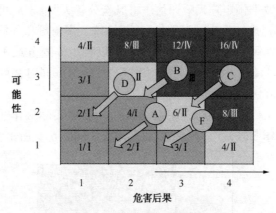

图 6-10　风险控制示意图

6.5.2　应用步骤

波士顿矩阵风险评估法属于定性风险评估法，是一个分享经验和想法的好形式，适合于作业区、业务部门、项目管理等管理组织。定性风险评估的基本步骤是：

（1）确定主持人

主持人对主持评估的技巧理解是非常重要的，它不同于平时的演讲。例如：一个好的讲师不一定是一个好的主持人。风险评估的主持人必须：

- 没有偏见；
- 熟悉业务流程，能界定问题所在；
- 管理评估过程，不是管理问题。

如果简单复述小组成员结论就毫无意义。主持人必须确保评估过程及结果的完整性和全面性。

（2）组成评估小组

- 组成 2~6 人的评估小组；
- 允许不同的观点，小组成员中应包括将受到影响的成员；
- 参与成员必须熟悉业务流程和了解关键问题之所在；

- 减少偏见。

风险评估的效果取决于小组成员对于所讨论的问题是否抛开成见，共同合作，剖析优势、缺陷、时机、威胁（SWOT：Strengths，Weaknesses，Opportunity and threats）。成员的个人偏见将妨碍整个评估过程，所以主持人应确保结论的公证性。

（3）建立可能性和严重程度的4级标准的参数

这些参数将是评估过程的控制点。它们定义评估小组对某一问题的讨论范围，而且决定着所建议的控制措施是否成功。例如，某个问题是某位成员特别担心的低影响低概率的事件，那么这个问题应该被忽略掉。对于高影响高概率的高风险事件，必须制定及时的控制措施。然而，如果没有建立针对某一问题的概率和危害后果严重程度的衡量标准，就无法确定和进行风险评估。一般风险危害后果及可能性评价标准见表6-11。

表6-11　一般风险危害后果及可能性评价标准

后果及可能性等级	危害后果	可能性（概率）
4	S：人员死亡，大范围的人员受伤和严重的健康影响。大的社区影响； P：生产装置长期损坏，影响业务和产量； E：超过100万元，灾难性的环境破坏； D：超过100万元，灾难性的财产损失	时有发生——每年至少一次，或在整个作业期间常有发生
3	S：严重受伤和中等健康损害，永久伤残；大范围的人员轻微伤；小范围的社区影响； P：设施关断，功能短期丧失，频繁或严重的气体泄漏，对公司业务有影响； E：在10万~100万元之间，烃类气体泄漏，严重的环境影响，大范围的损害； D：在10万~100万元之间，严重火灾或爆炸，启动消防队救火	很可能——在整个作业期间很可能多次发生

续表

后果及可能性等级	危害后果	可能性（概率）
2	S：轻微受伤或轻微的健康影响；药物治疗，超标暴露等； P：一般性干扰或违规，对业务产生轻微影响； E：在1万~10万元之间超标排放，烃类气体的泄漏，较小的环境影响，暂时的和短暂的； D：在1万~10万元之间，微小火灾	可能发生——在整个作业期间有可能发生不超过一次
1	S：没有人员受伤或健康影响，包括简单的药物处理等； P：简单的干扰或轻微的质量违规； E：少于1万元，微小的响应； D：少于1万元	极少发生——不太可能发生

注：S—个人安全；P—商业/生产；E—环境；D—损坏。

概率(发生的可能性)与危害后果的影响程度参数都是用于筛选和校验小组结论的，在风险评估前必须经所有成员的一致同意。

对概率的估计是一项不确定的技术，即使是最严格的风险评估方法也无法对所有风险建立精确的概率参数。定性风险评估并不依赖于精确的概率统计。如果数据精确度非常重要的话，建议考虑使用其他的、定量的风险评估方法。

（4）建立风险接受标准

要求风险评估小组根据正在考虑的可接受和不可接受的风险程度，达成一致意见。根据表6-12判别风险等级分类，确定高中低风险等级，并采用不同的控制策略。

（5）收集有关评估对象的记录和信息

这些记录包括：设计资料、图纸及质量规范等；设备故障、调查记录、员工培训记录、检查记录、设备维护记录；以前为某项任务开展的小组评估报告；培训需求分析；个人防护用品分析；设备制造商的维护与使用指南等。

表 6-12　风险分级标准说明

风险等级	类型	风险类别	说明
IV	不能接受的	高风险	不可接受的风险等级,应该马上采取管理授权等行动消除或降低风险等级
III	意想不到的		
II	勉强接受的	中等风险	要求采取作业许可或作业程序等风险控制措施,降低风险
I	可接受的	低风险	可接受的风险,采取如巩固员工知识与安全技能,将风险保持在现有低等程度

（6）进行小组风险评估讨论

如果认为有必要,应使用更系统、更精确的评估方法。

（7）记录数据和跟踪

这是尤其关键的一步,保存准确和完整的记录可以说明当时决策的原因。如必要时,可能要进行进一步的尽职调查（Due Diligence Auditing）。

（8）风险评估结论

有时候,虽然我们进行了风险评估,仍然可能发生事故。一旦有事故发生了,事故调查人员可以快速地评估我们先前的评估报告和得出结论是否正确。风险评估的结论必须予以清楚的书面描述。一个正式的风险评估结论,应该包含参与者的姓名、实施日期、结论、建议和跟踪行动及从工作场所收集的数据附件等。

表 6-13　波士顿矩阵风险评估表

项目名称：某 LPG 第二阶段项目　范围：所有人员　日期：2014-1-20
主　　持：公司副总经理　　　小组成员：　部门经理

分类	危害与后果说明	S=危害后果；P=可能性；R=风险度			预防与控制措施
		S	P	R	
领导层	1. 安全监管人力不足	4	3	12/IV	承包商总经理/现场负责人；马上评估安全管理人员是否充足

S=危害后果；P=可能性；R=风险度

分类	危害与后果说明	S	P	R	预防与控制措施
领导层	2. 项目第二阶段新增工作详细说明	3	3	9/Ⅲ	项目经理：三月底确认标准作业报告终稿
	3. 操作人员对作业许可系统经验不足	4	4	16/Ⅳ	生产部/安全部/安全经理/项目部：三月底进行第一、二阶段作业许可审计
承包商管理	4. 维修中更换四个吊臂及码头作业	3	2	6/Ⅱ	生产部/项目部/NC Loh/厂长：三月底开发安装程序
	5. 地下涵洞大量水侵	3	2	6/Ⅱ	承包商总经理 TEC：确保规范操作
	6. 工程总包可能未采用BP批准的供应商，导致设备品质低劣	4	2	8/Ⅲ	工程经理/Jimmy Han：重审供应商清单——进行中
	7. 地下/表层作业接口	4	2	8/Ⅲ	承包商总经理/Han/Loh/Stan：三月中旬开发接口计划
	8. 台风	1	4	4/Ⅱ	项目安全经理：五月底重审应对台风方案，和承包商沟通
	9. 地下交通事件	3	3	9/Ⅲ	项目安全经理/道路安全经理：三月中旬重审交通方案，对司机进行 DDT 和应对疲劳作业的培训
	10. 哑炮处理	4	2	8/Ⅲ	项目副经理/TEC 产品安全代表：重审程序
	11. 承包商未给现场工人配备正确的个人劳保用品	4	2	8/Ⅲ	项目安全经理/TEC/轮值安全经理：加强符合性检查

S=危害后果；P=可能性；R=风险度					
分类	危害与后果说明	S	P	R	预防与控制措施
承包商管理	12. 施工场地的安全事宜	4	1	4/Ⅱ	集团安全总监：三月底组织集团的团队对项目进行安全管理评估；安全经理：四月中旬编制出安全管理程序
	13. 今年极端的天气条件	3	3	9/Ⅲ	承包商现场负责人：三月中旬重审应急计划
	14. TEC 消防及应对电击能力	3	2	6/Ⅱ	承包商安全经理/项目安全经理：三月中旬重审文件，确保 TEC 执行消防及应对电击程序，作业人员接受培训
	15. 承包方作业人员非安全作业行为	4	2	8/Ⅲ	项目部/项目安全经理：审计强化安全计划——进行中
	16. 不可替代的关键设备损坏	4	2	8/Ⅲ	项目安全经理/TEC：三月底重审运输计划
	17. 新进员工入职培训	4	2	8/Ⅲ	项目安全经理/承包方安全经理：培训效果审计——进行中
	18. 缺少适时的预调试/调试程序/计划	4	2	8/Ⅲ	厂长/Jimmy Han/工程经理：三月底进行规划
人力资源	19. 高栏岛/珠海地区人力、设备缺口	2	3	6/Ⅱ	承包商现场负责人/Jimmy Han/承包商总经理：三月中旬重审资源规划

S=危害后果；P=可能性；R=风险度

分类	危害与后果说明	S	P	R	预防与控制措施
政府联系	20. 海洋/码头作业政府禁令	3	2	6/Ⅱ	Jimmy Han：三月底编制具体的码头作业计划，同当局沟通
	21. 消防机关批准	3	3	9/Ⅲ	Jimmy Han：编制批准方案——进行中
	22. 第二阶段码头施工无需国标	2	3	6/Ⅱ	承包商 PMT／操作：编制码头作业方案，重新检查操作
	23. 施工过程中电力短缺	2	3	6/Ⅱ	NC Loh/Xie/项目部：准备充足的备用发电机——进行中
	24. EPC 不清楚，须政府批准的项目	2	4	8/Ⅲ	Deng／承包商：三月底重审政府批准项目清单
调试/操作	25. 限制操作作业许可	3	3	9/Ⅲ	生产部/项目部：三月底重审作业许可体系
	26. 油罐车道路运输对接	3	4	12/Ⅳ	安全经理：指导承运商、顾客——进行中
	27. 受渔船影响的海洋作业	2	2	4/Ⅰ	厂长：协调地方当局进行准入控制——进行中
	28. 码头施工时停止 PTA 产品供应	3	3	9/Ⅲ	Roger Wang ／ Bocken Qin：三月底重审基本控制程序
	29. 操作工培训及再培训	3	2	6/Ⅱ	生产部/厂长：四月底安排培训计划

S=危害后果；P=可能性；R=风险度					
分类	危害与后果说明	S	P	R	预防与控制措施
健康环境安全隐患	30. 重大事故/事件	4	1	4/Ⅱ	项目经理：重审作业管理程序并进行演练——进行中
	31. 码头火灾隐患	4	2	8/Ⅲ	项目安全经理/项目部：三月底重审施工方法申请，JSA及风险评估程序
	32. 人员落水	3	2	6/Ⅱ	安全员：加强个体防护装备及安全准则——进行中
	33. 增压舱故障	3	3	9/Ⅲ	Shi/项目安全经理：三月中旬重审、审计船舱增压程序
	34. 码头架空管道损坏	4	1	4/Ⅱ	NC Loh/项目部/工程经理：四月中旬重审图纸、安全措施
	35. 高温天气	2	3	6/Ⅱ	安全经理：五月底重审PU热应力程序
	36. 废物处理造成的环境问题	4	2	8/Ⅲ	安全经理/安全部/承包方安全经理：确保严格遵守废弃物控制及处理程序——进行中
质量控制/进度	37. 运往珠海现场的设备原料延期交货	3	3	9/Ⅲ	承包商现场负责人/Jimmy Han：三月中旬给承包商编制催货监管计划
	38. 承包商质量控制体系缺陷	4	2	8/Ⅲ	项目部：四月底重审质量控制体系，进行审计

6.5.3 案例

海上油气田 2014 年 HSE 风险管理报告 *

报告人：YYYYY

日期：2015 年 1 月

注：本报告旨在说明模板内容，其中所涉及的数据均为虚拟，仅供参考。

第 1 部分：2014 年工作概述

1.1 主要绩效达成情况

1.2 行动指标与输出指标

1.3 绩效考核指标

第 2 部分：2014 年风险与控制

2.1 2014 年主要风险与控制措施执行情况

2.2 2014 年存在的主要问题与不足

2.3 2014 员工评估结果

第 3 部分：2015 年工作计划

3.1 风险评估

3.2 风险控制措施及其计划

3.3 绩效考核指标

第 4 部分：结束语

第 5 部分：附件

5.1 附件 1：企业安全风险评估工具

5.2 附件 2：全员参与体系评估工具

第 1 部分：2014 年工作概述

2014 年安全工作简要描述：……

1.1 主要绩效达成情况

- 无死亡及重大伤亡事故
- 截至 12 月 31 日，500 万工时无事故

- 生产二期扩建项目顺利完工
- OHSAS18001 第三方体系审核通过，无不符合项目
- 年度联合应急演习于 9 月 10 日顺利完成
- 公司"量化安全"管理体系于 6 月 1 日正式运行
- ………

表 6-14   2014 年绩效考核指标

年度	可记录 事故率	重型车辆 事故率	轻型车辆 事故率	损失工时 事故率	死亡 事故数	其他 指标
2012 年	0.45	0.00	0.46	0.00	0	？
2013 年	0.28	0.00	2.66	0.00	0	？
2014 年目标数	<0.54	<0.88	<2.25	0.00	0	？
2014 年实际数	0.00	0.63	0.90	0.00	0	？

（根据需要可以逐项附上简要描述）

1.2 行动指标与输出指标

表 6-15   2014 年度行动指标与输出指标

	内容	2014 年实际	2014 年计划	达成率/%
行动指标	行为安全观察	643	600	107.17
	高级安全审核	262	200	131.00
	安全培训小时数	5399	4900	110.18
	事故案例分享次数	230	200	115.00
	安全会议次数	52	60	86.67
	总经理下现场检查次数	77	52	148.08
	……			
输出指标	隐患报告	362	300	120.67
	化学品泄漏	0		100.00
	重型车辆事故	1	<5	100.00
	轻型车辆事故	2	<5	100.00
	可记录事故	0	<7	100.00
	损失工时事故	0	0	100.00
	死亡事故	0	0	100.00
	……			

1.3 绩效考核指标

第 2 部分：2014 年风险与控制

2.1 2014 年主要风险与控制措施执行情况

下列内容详细描述 2014 年初《年度安全工作计划》中各项主要工作的风险及其控制情况详细说明：

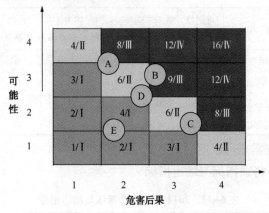

图 6-11 2014 年主要风险矩阵图

例如 A：安全领导力 B：运输安全 C：承包商安全 D：工艺安全 E：变更管理

A. 安全领导力：
- 主要风险：
☑……
☑……

- 主要控制措施及其进展：
☑……
☑……

B. 运输安全：
- 主要风险：
☑……
☑……

- 主要控制措施及其进展：

☑ ……

☑ ……

C. 承包商安全：

- 主要风险：

☑ ……

☑ ……

- 主要控制措施及其进展：

☑ ……

☑ ……

D. 工艺安全：

- 主要风险：

☑ ……

☑ ……

- 主要控制措施及其进展：

☑ ……

☑ ……

E. 变更管理：

- 主要风险：

☑ ……

☑ ……

- 主要控制措施及其进展：

☑ ……

☑ ……

F. 心理安全：

- 主要风险：

☑ ……

☑ ……

- 主要控制措施及其进展：

☑ ……

☑ ……

G. 职业健康：

• 主要风险：

☑ ……

☑ ……

• 主要控制措施及其进展：

☑ ……

☑ ……

H. 其他专题：

• 主要风险：

☑ ……

☑ ……

• 主要控制措施及其进展：

☑ ……

☑ ……

2.2　2013 年(过去一年)存在的主要问题与不足

1）事故与重大隐患管理：

事故或重大隐患 1：

具体描述：

直接原因：

间接原因：

系统原因：

后续改进计划：

事故或重大隐患 2：

具体描述：

直接原因：

间接原因：

系统原因：

后续改进计划：

事故或重大隐患3：

具体描述：

直接原因：

间接原因：

系统原因：

后续改进计划：

事故或重大隐患4：

具体描述：

直接原因：

间接原因：

系统原因：

后续改进计划：

事故或重大隐患……：

具体描述：

直接原因：

间接原因：

系统原因：

后续改进计划：

2）各项检查（政府/股东/母公司/专项检查等）：

发现的主要问题描述：

☑ 具体说明

☑ ……

☑ ……

今后改进的思路：

☑ 具体说明

☑ ……

☑ ……

3）体系内部审核：

发现的主要问题描述：

☑ 具体说明

☑ ……

☑ ……

今后改进的思路：

☑ 具体说明

☑ ……

☑ ……

4）体系外部审核：

发现的不符合项：

☑ 具体说明

☑ ……

☑ ……

今后改进的思路：

☑ 具体说明

☑ ……

☑ ……

5）其他：

发现的主要问题描述：

☑ 具体说明

☑ ……

☑ ……

今后改进的思路：

☑ 具体说明

☑ ……

☑ ……

2.3　2014 年员工评估结果

对照公司管理体系，全体员工对公司安全管理体系 15 项要素的评估结果统计：

表 6-16　安全管理体系 15 项要素的评估结果统计

安全管理体系 15 要素全体员工评估	得分
要素 1：系统思维	
要素 2：人本理念与承诺	
要素 3：风险管理	
要素 4：安全领导力	
要素 5：关键过程管理	
要素 6：目标与方案	
要素 7：技术整合与规范	
要素 8：作业标准与程序	
要素 9：文档管理	
要素 10：行为、能力与培训	
要素 11：员工参与和沟通	
要素 12：应急准备与响应	
要素 13：绩效监测与奖惩	
要素 14：根源分析	
要素 15：审核、评估与改进	
……	
2014 平均得分	
2013 平均得分	
2014 年相比 2013 年 改进/降低	

全员参与评估说明：参与人数、时间、等等(上述各要素可以根据企业安全管理体系的要素而定)。

第 3 部分：2015 年工作计划

3.1　风险评估

通过全体管理团队的充分讨论和分析，列出 2015 年各项工作中的主要风险及其控制计划(建立基于风险的控制流程与安全工作计划)：

3.2　风险控制措施及其计划

下列内容描述 2015 年安全工作计划中各项主要工作内容：

A. 作业安全：

具体计划描述：

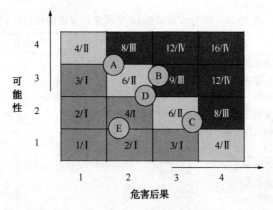

图 6-12 2015 年主要风险矩阵图

例如 A：安全领导力 B：运输安全 C：承包商安全 D：工艺安全 E：变更管理

☑ 详细工作要求描述

☑ ……

☑ ……

B. 员工培训：

具体计划描述：

☑ 详细工作要求描述

☑ ……

☑ ……

C. 工艺安全：

具体计划描述：

☑ 详细工作要求描述

☑ ……

☑ ……

D. 推广"眼观六路"行为安全观察：

具体计划描述：

☑ 详细工作要求描述

☑ ……

☑ ……

E. 建立"量化安全"管理系统——基于网络的体系标准化建设：

具体计划描述：

☑ 详细工作要求描述

☑ ……

☑ ……

F. 其他专项……

具体计划描述：

☑ 详细工作要求描述

☑ ……

☑ ……

3.3 绩效考核指标

（1）行动指标与输出指标

表 6-17 行动指标与输出指标

指标	内容	2014 年计划	2014 年实际	2013 年实际
行动指标	行为安全观察	700	600	160
	高级安全审核	280	200	160
	安全培训小时数	5500	4900	
	事故案例分享次数	260	200	
	安全会议次数	80	60	
	总经理下现场检查次数	80	52	
	……			
输出指标	隐患报告		362	410
	化学品泄漏	0		
	重型车辆事故	<3	1	0
	轻型车辆事故	<3	2	5
	可记录事故	<4	0	3
	损失工时事故	0	0	0
	死亡事故	0	0	0
	……			

（2）绩效考核指标

表 6-18　2015 年绩效考核指标

年度	可记录事故率	重型车辆事故率	轻型车辆事故率	损失工时事故率	死亡事故数	其他指标
2012 年	0.28	0.00	2.66	0.00	0	?
2013 年	0.00	0.63	0.90	0.00	0	?
2014 年	0.00	0.63	0.90	0.00	0	?
2015 年计划	<0.20	<0.60	<1.25	0.00	0	?

第 4 部分：结束语

总结过去的一年（工作体会）：

感谢（上级、同事及相关方的支持）……．

展望未来（概述风险与挑战）……．

让我们一起（激励共同奋斗，持续改进）……

树立"以人为本"的安全理念与文化……

建立"以风险管理为核心"的管理机制……

完善"量化安全"的绩效考评……

附录

术语和定义

- **危害**

在生产活动过程中，可能造成人员伤害、职业病、财产损失、作业环境破坏或其组合之根源或状态。也称"危险源"。

- **危害后果**

已知危害的潜在严重度和后果。

- **概率**

事情发生的期望值或机率，有时也称为可能性或频率。

- **风险**

特定危险事件发生的可能性与后果严重程度的组合。

- **残余风险**

所有拟定的控制措施均采用后仍具有的风险。

- **风险等级**

根据风险的可能性（概率）和严重度（危害后果）的值来表达作业风险的方法。风险等级＝严重度×可能性。

- **风险评估**

评价事故发生的可能性、造成损失的后果大小，并判断风险水平的大小与是否可接受的过程。

- **风险管理**

指进行危害识别、风险评估和实施控制，以减少风险负面导向的决策和行动过程。风险管理是一个持续的过程，是所有安全管理要素的基础。管理人员必须定期识别存在的危害，并评估与业务活动相关的风险，采取适当的措施控制风险，从而防止事故的发生或降低其影响。

- **控制措施**

降低或消除风险的预防措施。

- **险情事件**

未造成实际损失但很可能造成损失的非预期事件。

- **事故**

非预期的并导致实际的损失〔即：人员伤害、对环境的影响或污染物排放到环境中、财产/设备的损坏和(或)产品/生产的损失]的事件。

- **作业**

由一人或多人执行的工作任务。

- **常规作业**

在专属区域、按照常规工作程序或规程进行的日常作业。

- **非常规作业**

临时性的、缺乏程序规定的作业活动。

- **ALARP**

As Low As Reasonably Practicable 最低合理可行。

- **胜任**

能按照一定的标准完成某项活动的能力。

- **胜任人员**

据其培训、知识和经验,能够充分地评估与作业相关的健康安全和环境风险的人员。

- **班前会**

一种包含双向交流/对话的会议,以确保每个人都清楚地理解作业内容以及其危害性和需采取的预防措施。

参 考 文 献

［1］曹元坤等．企业风险管理发展历程及其研究趋势的新认识［J］．当代财经，2011，（1）.

［2］王稳等．企业风险管理理论的演进与展望［J］．审计与研究，2010，（4）

［3］王世煌．工业安全风险评估．台湾：扬智文化事业股份有限公司，2012，2.

［4］徐伟东．事故调查与根源分析技术［M］．广州：广东科技出版社，2010.

［5］徐伟东．现代企业安全管理［M］．广州：广东科技出版社，2010.

［6］《中华人民共和国安全生产法》(2014 年版)

［7］OHSAS18001：2007《职业健康安全管理体系要求》

［8］ISO31000：2009《风险管理标准》

［9］HSE 管理手册(2013 年版)

［10］GB 18218—2009《危险化学品重大危险源辨识》